JN096789

ポケット版

乙種ガス主任技術者試験 模擬問題集

2024年度受験用
（令和6年度）

中小企業診断士
エネルギー管理士

上井　光裕

三恵社

本書の内容の誤記等は、下記で確認してください。

検索　資格の達人ブログ

https://blog.goo.ne.jp/kamii05

ブログ内カテゴリー：ガス主任技術者　模擬問題種　正誤表

はしがき

　毎年秋に、国家試験「ガス主任技術者試験」が実施されます。本書は、この試験の受験指導に携わってきた著者が「こんな問題集があったらいいのに」と思って編集したものです。平成24年に乙種ガス主任技術者試験問題集の初版を出版しましたが、好評を頂き、今回乙種の改訂十二版を出版することになりました。

　テキスト、過去問題集とともに本書を併用することで、合格の栄冠を勝ち取ってください。

　令和5年12月

中小企業診断士

エネルギー管理士

上井光裕

目　次

第1章

出題傾向と本書の利用方法

（1） 基礎理論科目

　基礎理論は 15 問出題され、10 問を選択します。学習方法としては、下表の重要事項を日本ガス協会発行の都市ガス工業概要基礎理論編（以下、基礎テキスト）と本書でまず学習し、計算問題は基礎テキストの例題と本書で実際に計算して、最後に日本ガス協会発行の試験問題解説集（以下、過去問題集）で実力をアップしていただきたい。

基礎理論の重要事項

基礎	SI 単位系、エネルギー関連の単位
気体の性質	ボイルシャルル、アボガドロ、状態方程式、ドルトン
熱力学第 1 法則	エンタルビー、熱容量、気体の状態変化等
熱力学第 2 法則	カルノーサイクル、エントロピー
化学反応、電気化学反応	反応熱、平衡移動の法則、反応速度、燃料電池
燃焼計算	発熱量、炭化水素の反応式
燃焼範囲	水素・メタン・プロパンの燃焼範囲、影響因子、ルシャトリエ
管内流動	流れの基礎事項、ベルヌーイ、層流と乱流、オリフィス等
伝熱	伝導・対流・熱放射の特徴、フーリエの法則
金属材料	応力ひずみ線図、フックの法則、安全率、特殊鋼、破壊形態
高分子材料	熱可塑性と熱硬化性、力学的特性

（2） ガス技術科目

　ガス技術は、製造、供給、消費機器の各分野からなり、27問の出題で20問を選択します。

　都市ガス工業概要製造編、供給編、消費機器編（以下、ガス技術テキスト）と本書で学習した後、過去問題集で実力をアップしていただきたい。

　ガス技術テキストは、3冊で890ページに及び、ボリュームも多いため、本書に出題されている部分を中心に効率よく学習していただきたい。

（3） 法令科目

　法令は、16問出題され、全問解答しなければなりません。従って、各科目・分野中最も出題量が多く、他の科目・分野の少なくとも1.5倍から2倍の学習量が必要です。そしてガス主任技術者試験の合否を決めるポイントとなる科目でもあります。

　出題内容は、例年、用語・業務1問、事業法ガス工作物3問、ガス工作物技術基準8問、事業法ガス用品・消費機器2問、消費機器技術基準1問、特監法1問となっています。ガス工作物技術基準の中では総則から3〜4問、ガス発生設備・ガスホルダー・液化ガス用貯槽から1〜2問、導管・整圧器から3〜4問が出題されます。

　特に、保安規程、ガス主任技術者、適合維持義務、消費機器の周知・調査などは、論述試験でも出題の可能性があります。

　学習は、ガス事業関係法令テキスト（以下、法令テキスト）と本書で一通り学習した後、過去問題集で実力をアップしていただきたい。

（4）　論述科目

　論述は、例年法令が1問必須問題として出題され、ガス技術が3問、製造、供給、消費の各分野から出題され、そのうち1問を選択します。

　法令は例年、出題分野がほぼ特定されているため、学習内容を絞ることができます。ガス技術は、過去問題に一定の出題サイクルが見られるため、出題サイクルから予想して学習を進めていただきたい。

　学習は、法令で高得点を狙い、ガス技術は3分野のうち、2分野を学習しておけば安心です。

（5）　本書の利用方法

　本書は、はしがきにも書いたように、「こんな問題集があったらいいのに」と思って、作った問題集です。

　ガス主任技術者試験の学習は、テキストと過去問題集（いずれも日本ガス協会が発行）を購入の上、学習してください。時折、本書のみの学習で合格を目指す方がいますが、それほど簡単な試験ではありません。あまり古いものでなければ、合格した先輩からテキストを譲ってもらうのもいいでしょう。

　以下、本書の特徴を記載します。

①都市ガス工業テキストとセットでの利用

　本書は、テキストの一定範囲を学習した後、その都度テキストの理解度を確認できるような使い方を想定しています。このため、ほとんどの問題は、テキストの内容が整理できるように、テキストのページ順に編集してあります。

②過去10年分のトレンドから編集

本書は、過去 10 年分のトレンドから編集しています。このため過去 5 年の問題集では見られない問題も含まれています。

③インプット学習用としての利用

都市ガス工業テキストと本書で知識をインプットし、理解度を確認するため、アウトプット学習として、日本ガス協会の試験問題解説集を利用することも可能です。これにより一層効果的な学習が可能になります。

④令和元〜 5 年度出題の扱い

令和元〜 4 年度の出題は、極力本文の設問に挿入してありますが、編集上難しいものは、注釈 *R4 などとして、欄外に問題文を記載しております。

また、令和 5 年度出題の解答解説は、本書執筆時点では、まだ詳細がわかりませんので記載しておりません。日本ガス協会の試験問題解説集が出版されたら、そちらをご覧ください。

基礎理論科目

基礎 1－1　　分子量とモル数、質量

　水素ボンベを流量 4.48m³ ／ h で 1 時間使用すると、水素の質量はいくら減少するか。ただし、気体は理想気体とする。

① 　0.1kg　　　② 　0.2kg　　　③ 　0.3kg　　　④ 　0.4kg　　　⑤ 　0.5kg

解答解説　　解答④

　分子量 2 の水素は、

　　　22.4m³ ／ kmol → 2kg ／ kmol

単位質量当たりの体積は

　　　22.4m³ ÷ 2kg ＝ 11.2（m³ ／ kg）

流量が 4.48m³ ／ h 減少したときの質量は、

　　　4.48（m³）÷ 11.2（m³ ／ kg）＝ 0.4（kg）

分子量と質量、モル数の関係は理解しておきたい。

日本ガス協会都市ガス工業概要基礎理論編（以下、基礎テキスト）P4、P9 ～ 10 を参照

基礎 1-2 　　分子量とモル数、質量、密度

　メタンとプロパンの体積比が1：1の混合ガスの密度を、同じ温度、同じ圧力空気の倍率で表した場合に、最も近いものはどれか。

　ただし、空気中の窒素と酸素の体積比は4：1とし、混合ガス及び空気は理想気体とする。

　　①　0.7　　　　②　0.9　　　　③　1.1　　　　④　1.3　　　　⑤　1.5

解答解説 　解答③

　メタンの質量は

　　　CH_4　$12 \times 1 + 1 \times 4 = 16g /mol$

　プロパンの質量は

　　　C_3H_8　$12 \times 3 + 1 \times 8 = 44g /mol$

　空気の質量は

　　　$14 \times 2 \times 0.8 + 16 \times 2 \times 0.2 = 28.8g /mol$

　混合ガスの密度は、体積比が1：1のため

　　　$16 \times 0.5 + 44 \times 0.5 = 30g /mol$

　混合ガス：空気密度＝30：28.8

　混合ガス／空気密度＝30／28.8＝1.04

　$\boxed{類題}$　平成29年度乙種問2

　基礎テキストP11～12を参照

基礎 1-3 　　理想気体の法則

　理想気体に関する次の記述のうち、誤っているものはどれか。

① 一定質量の気体の体積は圧力に比例し、絶対温度に反比例する。

② 一定圧力で、一定質量の気体の温度を上げると、気体の体積は増加する。

③ 一定温度で、一定質量の気体を膨張させると、気体の圧力は減少する。

④ 気体の種類が違っても、同じ温度、同じ圧力のとき、同じ体積の中には同数の分子が存在する。

⑤ 混合気体の全圧は、各成分気体の分圧の和である。 ＊R1

解答解説　解答①

① 一定質量の気体の体積は、圧力に反比例し、絶対温度に比例する。

①〜③　ボイルシャルルの法則である。

④　は、アボガドロの法則、⑤はドルトンの分圧の法則からの出題。

基礎テキスト P6 〜 11 を参照

＊R1　ドルトンの分圧の法則によれば、混合気体における各成分の分圧は、全圧に各成分のモル分率をかけたものに等しい。基礎テキスト P11

 基礎　1−4　　ボイルシャルルの法則計算

ガス管の気密試験を行っている。気温 15℃、3kPa で 2 分間かけたところ、圧力は 2.95kPa に下がった。その時ガス漏れはなかったものとすると、気温は何度下がったか。ただし、気温とガス温は同じと仮定する。

① 15℃　　　② 10℃　　　③ 5℃　　　④ 0℃　　　⑤ −5℃

解答解説　解答③

ボイルシャルルの法則は、

$$PV \diagup T = 一定$$

である。従って、

$$P_1 \cdot V_1 \diagup T_1 = P_2 \cdot V_2 \diagup T_2 \ で、$$

$$3.0 \times 1 \diagup (273 + 15) = 2.95 \times 1 \diagup T_2$$

$$T_2 = 283K = 10℃ となる。$$

従って、圧力降下時の気温の低下は、

$$測定開始 - 測定終了 = 15℃ - 10℃ = 5℃$$

となる。

類題 平成 29 年度乙種問 1

基礎テキスト P6 ～ 9 を参照

 1-5　　　気体の状態方程式（1）

温度 27℃、圧力 100kPa、体積 25m^3 のプロパンの質量（kg）として最も近い値はどれか。ただし、プロパンは理想気体とし、気体定数 R = 8.3J $\diagup$ mol・k）とする。

① 1　　　② 3　　　③ 8　　　④ 16　　　⑤ 44

解答解説　　解答⑤

- 気体の状態方程式 $PV = nRT$ で n を求める。
- $n = PV \diagup RT = (100 \times 25) \diagup (8.3 \times 300) = 1$ （kmol）
- プロパン（C_3H_8）の分子量は、44 であるから、1kmol 当たりの質量は、44kg。

類題 令和 2 年度乙種問 1、令和 3 年度乙種問 2

基礎テキスト P9 〜 10 を参照

 1−6　気体の状態方程式（2）

物質量（モル数）基準でプロパン 95%、ブタン 5% の混合液化ガス 4470 g を気化させて、温度 300K、圧力 100kPa とした場合の体積（m^3）として最も近い値はどれか。ただし、気体は理想気体とし、気体定数は 8.3J／(mol／K) とする。

① 2.5　　② 2.7　　③ 2.9　　④ 3.1　　⑤ 3.3

解答解説　解答①

混合液化ガス 1 モルの質量は、44 × 0.95 ＋ 58 × 0.05 ＝　44.7g

混合ガス 4470g は、4470／44.7 ＝ 100mol

混合気体の状態方程式を変形して、数字を代入すると

$V = nRT／P = 100 × 8.3 × 300／(100 × 10^3) ≒ 2.5 (m^3)$

類題　令和元年度乙種問 2

基礎テキスト P9 〜 12 を参照

 1−7　混合気体の性質（1）

真空にした容器にプロパン 44g、窒素が 28g を入れたところ、全圧が 400kPa の混合気体となった。プロパンの分圧（kPa）として最も近い値はどれか。

| ① 200 | ② 250 | ③ 300 | ④ 350 | ⑤ 400 |

解答解説　解答①

- プロパンの分子量は44、窒素の分子量は28であり、混合ガスのモル比は、44／44：28／28 = 1:1

- プロパンの分圧は、モル分率に比例する。

  Pa = P × xa　　　pa：aの分圧　　P：全圧　　xa：のモル分率

  pa = 400 × 1／2 = 200

<u>類題</u>　令和2年度乙種問2

基礎テキストP9 〜 12を参照

基礎 **1−8**　　混合気体の性質（2）

メタンとプロパンをある体積比で混合したところ、同一温度、同一圧力の空気と密度が等しくなった。メタンとプロパンの体積比として、最も近いものはどれか。

ただし、空気は窒素と酸素が体積比4：1で混合したものとし、物質はいずれも理想気体とする。

| ① 50:50 | ② 54:46 | ③ 60:40 | ④ 70:30 | ⑤ 82:18 |

解答解説　解答②

- 空気1kmolの質量は　28 × (4／(4+1)) + 32 × (1／(4+1)) = 28.8(kg)

• メタンとプロパンの体積比を　x：（1 − x）　とすると

混合ガスの質量は　16 × x + 44 × (1- x) = 28.8（kg）　で表され

x = 0.54　従って、メタンとプロパンの体積比は　54:46

類題 令和3年度乙種問3

基礎テキストP12を参照

 2 – 1　　実在気体の性質

気体の構造と分子運動に関する記述で誤っているものはどれか。

① 気体の分子運動論では分子は完全弾性衝突をし、エネルギー保存則が成立するとしている。

② 実在気体は、高温あるいは低圧の条件では、理想気体に近い性質を示す。

③ 単原子気体は並進運動だけを行い、多原子気体はこの他に振動運動と回転運動を行っている。このおかげで多原子気体は温度を1℃上げるのに必要な熱量は少なくて済む。

④ 理想気体とは気体分子間に引力が働かず、気体分子に体積がないとした仮想的な気体である。

⑤ 実在気体で、圧力を増すか、温度を低くして気体の体積を圧縮すれば、分子間の距離は縮まり、相互に分子間力が作用するようになる。 *R1

解答解説　解答③

多原子気体は温度を1℃上げるのに必要な熱量が大きくなる。

基礎テキストP13 〜 17を参照

*R1　ファン・デル・ワールスの式は、分子間引力と気体分子の体積を考慮して理

想気体の状態方程式を補正する式である。基礎テキスト P16

基礎 2 - 2 臨界現象

実在気体の「臨界温度」に関する問題である。誤っているものはどれか。

① 臨界温度以上では、圧力をどんなに上げても気体を液化できない。
  *1R3 *2R4

② 臨界圧力とは、臨界温度で液化するのに必要な最大の圧力である。

③ 等温で気体が圧縮され、液化が始まり、気体液体が共存する時の圧力を飽和蒸気圧という。

④ 二酸化炭素は臨界温度が高いので常温で圧力を加えるだけで液化する。 *3R4

⑤ メタンの臨界温度は−83℃であるから、天然ガスを LNG にする場合は、この温度にする必要がある。

解答解説 解答②

② 臨界圧力とは、臨界温度で液化するのに必要な最小の圧力である。

基礎テキスト P18 ～ 19 を参照

*1R3 臨界温度及び臨界圧力を超えた温度及び圧力のガスを超臨界ガスと呼ぶ。基礎テキスト P18

*2R4 臨界点の近傍では、臨界タンパク光と呼ばれる特異な現象がみられる。基礎テキスト P18

*3R4 二酸化炭素及び窒素は、常温で圧力を高くするのみで液化することはできない。基礎テキスト P18

基礎 **3－1** **気体の諸性質**

気体の諸性質について、誤っているものはどれか。

① 液体中に気体が溶けて均一な状態の液体を形成することを溶解といい、溶解する物質を溶質、溶解させる物質を溶媒という。

② 熱伝導の伝熱量は、熱伝導率、温度差に比例し、面間距離に反比例する。

③ 粘度は、温度とともに増加し、圧力によってはほとんど変わらない。

④ 液体に溶解する気体の溶解度は、気体の圧力に比例する、これをヘンリーの法則という。また、溶解度は、温度上昇とともに増加する。

⑤ 不揮発性物質を溶解すると、希薄溶液の蒸気圧低下は溶質のモル分率に比例する、これをラウールの法則という。

解答解説 解答④

④ 液体に溶解する気体の溶解度は、気体の圧力に比例する、これをヘンリーの法則という。また、溶解度は、温度上昇とともに減少する。

③ 気体の粘度は、温度とともに増加する。

基礎テキスト P22 ～ 24、P30 ～ 31 を参照

 基礎 **3－2** **ヘンリーの法則**

圧力 40MPa において、ある気体が水に溶解している。ヘンリーの法則が成り立つ場合における気体（溶質）のモル分率として、最も近い値はどれか。ただし、ヘンリーの定数は、H＝4000MPa とする。

① 0.01   ② 0.02   ③ 0.05   ④ 0.1   ⑤ 0.2

　ヘンリーの法則　P ＝ H・x　　　　P：圧力　　x：モル分率　を用いる。

$$x = P ／ H$$
$$= 40／4000 ＝ 0.01$$

[類題]　平成 30 年度乙種問 2

基礎テキスト P24 を参照

基礎　**3 - 3**　　　**物質の三態**

　物質の三態の問題である。固体、液体、気体の変化時について、誤っているものはどれか。

　　a　固体から液体への変化は、融解といい、エネルギーを吸収する。

　　b　液体から固体への変化は、凝固といい、エネルギーを吸収する。

　　c　気体から液体への変化は、液化といい、エネルギーを吸収する。

　　d　液体から気体への変化は、気化といい、エネルギーを吸収する。

　　e　潜熱を吸収又は放出している際は、物質の温度は変化しない。

①　a、b　　　②　b、c　　　③　b、d　　　④　c、d　　　⑤　c、e

解答解説　解答②

　　b　液体から固体への変化は、エネルギーを放出する。

　　c　気体から液体への変化は、エネルギーを放出する。

　三態変化と現象の名称、エネルギーの吸収・放出は理解すること。また、この吸収・放出されるエネルギーを「潜熱」といい、GHP や吸収式冷温水機等に利用される。物質の温度が変化する「顕熱」とは区分される。

基礎テキスト P26 〜 28 を参照

 4 - 1　　熱容量

熱容量に関する説明で誤っているものはどれか。

①　定圧モル熱容量は、圧力一定で理想気体を加熱する。その熱量はエンタルピーの増加に等しい。

②　定積モル熱容量は、体積一定で理想気体を加熱する。その熱量は温度上昇に使われている。

③　定圧比熱＋ガス定数＝定容比熱である。

④　定圧比熱 C_P ／定容比熱 C_V ＝ γ を比熱比（断熱指数）といい、常に 1 より大きい。

⑤　断熱容器に加わる熱量を、空気の質量と定積モル熱容量で除したものは、加熱する温度差となる。

解答解説　　解答③

③　定圧比熱＝定容比熱＋ガス定数 R となる。

類題 平成 28 年度乙種問 3

基礎テキスト P38 〜 40 を参照

基礎 **4 - 2　　熱力学の第 1 法則と各種変化**

熱力学の第 1 法則と各種変化に関する記述で誤りはどれか。

①　熱と仕事、エネルギーは、同じ単位、J（ジュール）で表される。＊R3

②　エンタルピーとは、内部エネルギー U に、外部にした仕事 W を加

えたものである。

③　理想気体の定積変化は、内部エネルギーと仕事に変化する。

④　理想気体の等温変化では、系の温度は一定だから内部エネルギーの変化は 0 である。

⑤　断熱膨張は温度が低下し、断熱圧縮は温度が上昇する。

解答解説　　解答③

③　理想気体の定積変化は、体積変化がないため、全て内部エネルギーに変化する。

類題　平成 28 年度乙種問 3

基礎テキスト P35 〜 36、38、47 〜 48 を参照

*R3　熱も仕事もエネルギーの一形態である。基礎テキスト P35

基礎　**4 - 3**　　**熱容量の計算**

一定容積の断熱された容器に入れた圧力 100kPa、温度 10℃の空気 1kg に 35kJ の熱量を加えて温めた。加熱後の空気の温度（℃）として最も近い値はどれか。ただし、空気の定積比熱容量は 0.7（kJ ／ kg・K）とする。

①　35　　　②　40　　　③　45　　　④　50　　　⑤　60

解答解説　　解答⑤

加熱したときの気体の温度は Q ＝ m・Cv・Δ T で

　　　　35　＝　1　×　0.7　×　Δ T

　　（kJ）　　　（kg）（kJ ／ kg・K）（K）

から、Δ T を求める。

$$\Delta T = 35 \diagup (0.7 \times 1) = 50 \text{ (K)}$$

加熱後の温度は

$$T_2 = T_1 + \Delta T = 10 + 50 = 60 \text{ (℃)}$$

類題 平成 29 年度乙種問 3、令和 2 年度乙種問 4

基礎テキスト P44 を参照

 4-4 定圧膨張の計算

外気圧 100kPa と釣り合っているシリンダ内の気体 1.0m³ に熱を加え、定圧膨張させた。このとき気体がした仕事は 200kJ であった。膨張後の気体の体積（m³）として最も近い値はどれか。

① 0.5　① 1.0　② 1.5　③ 2.0　④ 2.5　⑤ 3.0

解答解説 解答④

・外気圧が一定の定圧膨張は、$W = P (V_2 - V_1)$

　W：仕事　　P：圧力　　V_1, V_2：変化前後の体積

・$V_2 = W \diagup P + V_1 = 200 \diagup 100 + 1.0 = 3.0$

類題 令和 2 年度乙種問 3

基礎テキスト P34、43 を参照

 5-1 エントロピー

熱力学に関する説明で、誤っているものはどれか。 *R3

① エントロピーの単位は J ／ K、エンタルピーの単位は J である。

② エントロピーは、途中経路に関係なく、前後の状態でのみ決まる。

③ エントロピーとは、内部エネルギーに圧力と体積の積を加えた量を定義したものである。

④ 自然変化は、常にエントロピーが増大し、平衡状態で最大になる。

⑤ エントロピー変化 dS は、微小熱量 dQ ／温度 T で表される。

解答解説　**解答③**

③ 内部エネルギーに圧力と体積の積を加えた量を定義したものは、エンタルピーが正しい。

エントロピーとは、ある物質が、状態変化する方向性を定量化する状態量である。

基礎テキスト P55 ～ 58 を参照

＊R3　等温、等圧で２種の理想気体を混合すると、エントロピーは増加する。基礎テキスト P59

基礎 **5 - 2**　**熱力学の法則**

熱力学の法則に関する説明で、正しいものはどれか。

① 熱は高温から低温に移動し、その逆は起こらないというものは熱力学の第１法則である。

② 熱力学の第２法則とは、変化が起きても全エネルギーは保存されるというものである。

③ 熱力学の第３法則とは、絶対温度 0K で全ての純物質の結晶のエントロピーはゼロというものである。

④ エクセルギーとは、系が外界と平衡状態に達するまで取り出すことができる仕事の最小量である。

⑤ 第2種永久機関とは、外部からのエネルギー入力なしに外部に仕事
をし続ける機関のことをいい、エネルギー保存則は、第2種永久機関
は不可能であることを教えている。

解答解説 解答③

① ②は、第1、第2法則の説明が逆である。④は、最大量が正解。

⑤ の説明は、第1種永久機関で、エネルギー保存則は、第1種永久機
関は不可能と説明できる。

第2種永久機関とは、ただ一つの熱源から熱を受けて仕事をするだけ
で、その他に何らの作用もなさずに、周期的に働く機関と定義され、熱力
学の第2法則は、第2種永久機関は不可能を意味している。

類題 平成29年度乙種問4

基礎テキスト P35、54〜55、61、65を参照

基礎 5-3 カルノーサイクル

カルノーサイクルの記述で正しいものはどれか。

a 高温熱源と低温熱源の熱源間で、機械的仕事を取り出す熱機関で、
2つの等温過程と断熱過程からなるサイクルをカルノーサイクルとい
う。

b すべての過程は、可逆的に行われると仮定している。

c 系は熱 Q1 をもらい、Q2 を放出し、仕事 W を行ったとき、熱効率
は、$\eta = W / Q1 = (Q1 - Q2) / Q1$ で表される。

d 熱効率は、高熱源の温度と低熱源の温度だけで決まり、理想機関で
得られる効率は最大のもので、これより効率のよい機関は作れない。

① a が誤り

② bが誤り

③ cが誤り

④ dが誤り

⑤ 全て正しい

解答解説　**解答⑤**

⑤　全て正しい。カルノーサイクルの意味と熱効率が何によって決まる
か、そして熱効率の計算をできるようにしておく必要がある。

基礎テキストP61～64を参照

 5-4　　**カルノーサイクルの熱効率**

カルノーサイクルにおいて、次の温度条件のうち、熱効率が最大となる
のはどれか。

	高温熱源	低温熱源
①	1600K	400K
②	1600K	500K
③	1600K	600K
④	1700K	500K
⑤	1500K	300K

解答解説　**解答⑤**

カルノーサイクルの熱効率は、

熱効率 η ＝（高温熱源温度－低温熱源温度）／高温熱源温度

のため、選択肢を入れて計算してみる。

①　（1600－400）／1600 ＝ 0.75

順に計算していくと

⑤（1500 − 300）／ 1500 = 0.8

となり、⑤が最大になる。

熱効率の式は覚えやすいため必ず理解されたい。

類題 令和3年度乙種問4

基礎テキスト P61 〜 64 を参照

 5 – 5　気体の熱力学全般

気体の熱力学に関する次の記述のうち、誤っているものはどれか。

① 定圧モル熱容量 Cp と定積モル熱容量 Cv の比 Cp ／ Cv は、常温常圧付近において、ヘリウムのような単原子気体で約 1.67、窒素や酸素等の2原子気体では約 1.40 である。

② 断熱変化とは、系と周囲の間に熱移動がない過程である。

③ 窒素のジュール・トムソン係数は、常温常圧付近で正の値であり、ジュール・トムソン膨張に伴い温度が低下する。

④ 理想気体を定圧条件の下で温度を上昇させると、エントロピーは減少する。

⑤ ヒートポンプとは、力学的な仕事を用いて、熱を低温物体から高温物体に移す装置である。

解答解説　解答④

④ 理想気体を定圧条件の下で温度を上昇させると、エントロピーは増加する。

類題 令和元年度乙種問4

基礎テキスト P40、47、53、56、63 を参照

次のメタン改質反応の標準反応熱（kJ／mol）に最も近い値はどれか。

$$CH_4 + 2H_2O \rightarrow CO_2 + 4H_2$$

ただし、すべての物質は気相とし、各成分の標準生成熱（kJ／mol）は次の値とする。

CH_4：-75 　　H_2O：-242 　　CO_2：-394 　　H_2：0

① 　-711 　　　② 　-165 　　　③ 　-77 　　　④ 　77 　　　⑤ 　165

解答解説 　解答⑤

反応熱＝CO_2 反応熱＋H_2 反応熱－（CH_4 反応熱＋H_2O 反応熱）

$$=-394 + 4 \times 0 - (-75 + 2 \times (-242))$$

$$= 165 （kJ／mol）$$

29、25、22 年度はメタン、24 年度はプロパン、27、21 年度は CO の反応熱計算が出題されている。ルールを覚えればさほど難しくはない。

類題 平成 29 年度乙種問 5、令和 3 年度乙種問 7

基礎テキスト P72 〜 76 を参照

化学平衡・反応速度に関する説明で誤っているものはどれか。 ＊1R1 ＊2R1 ＊3R1

① 　温度を上げると熱の吸収が起こる方向に平衡は移動する。

② 　圧力を高くすれば体積の減少する方向に平衡は移動する。

③ 　濃度を大きくすると、その物質の濃度が小さくなる方向へ平衡は移

動する。

④ 反応速度定数は、温度一定ならその反応に固有の定数である。

⑤ 反応速度は、温度が上昇すると減少する。

解答解説　　解答⑤

反応速度は、温度の上昇によって増大する。

温度、圧力、濃度変化と平衡の移動方向は確実に抑えておく必要がある。

類題 令和2年度乙種問6

基礎テキスト P83 ～ 84、86、90 を参照

*1R1　化学平衡とは、可逆反応において、順方向と逆方向の反応速度が等しくなった状態をいう。基礎テキスト P78

*2R1　等温定圧下における化学反応は、自由エネルギーが極小となる点で平衡状態になる。基礎テキスト P79

*3R1　ある反応の標準自由エネルギーの変化がわかれば。平衡組成を計算により求めることができる。基礎テキスト P81

基礎 6-3　　**半減期と触媒**

半減期と触媒に関する説明で誤っているものはどれか。

① 半減期とは、反応物質の初濃度が半分に減少するのに要する時間をさす。

② 一次反応の反応速度は反応物質の濃度に比例する。

③ 触媒は、正反応の速度も逆反応の速度も同じ割合だけ増加させるが、反応の前後で平衡の位置は変化することがある。

④ 触媒は、元来起こり得ない反応を開始させるのではなく、たとえ非常に遅くても、既に生起している反応を促進させるだけである。

⑤ 触媒と反応物質が同じ相にある反応を均一触媒反応という。

③　触媒は、正反応の速度も逆反応の速度も同じ割合だけ増加させ、平衡の位置に影響を及ぼさない。

②　反応速度は、反応物質の濃度の関数で、特に一次反応は、濃度に比例する。

なお、触媒と反応物質が同じ相にある反応を均一触媒反応といい、異なる相にある反応を不均一触媒反応という。

基礎テキスト P86 ～ 88、93 ～ 94 を参照

基礎　6 - 4　　半減期の計算

一次反応において、反応物質の濃度が初期濃度の 50% になるまで 10 分を要した。反応の開始から初期濃度の 12.5% になるまでに要する時間（分）はどれか。

　　①　15　　　②　20　　　③　25　　　④　30　　　⑤　40

解答解説　　解答④

一次反応は、反応のどの時間から測っても、その濃度が半分になるまでの時間は等しい。

100% → 50% になるまでの時間は、50 ／ 100 ＝ 1 ／ 2 が 10 分

50% → 25% になるまでの時間は 25 ／ 50 ＝ 1 ／ 2 が 10 分

25% → 12.5% になるまでの時間は 12.5 ／ 25 ＝ 1 ／ 2 が 10 分

従って、

100% → 12.5% までの時間の合計は 30 分

である。

類題 平成 29 年度乙種問 6、令和元年度乙種問 5

基礎テキスト P86 ～ 89 を参照

 7 - 1　　電気化学反応

電気化学反応について、誤っているものはどれか。

① 電気化学反応は、化学反応を電子の授受を介して行うもので、電極で各々の反応を行わせ、全体として一つの化学反応となる。

② 電子を放出する反応がアノード反応、電子を受け取る反応がカソード反応である。

③ 電気化学反応は、化学反応と異なり、準静的に反応を進行させることが可能だが、反応方向を逆転させることが不可能である。

④ 水素の燃焼反応と水の電気分解反応は逆の反応である。

⑤ 電気化学反応は、化学物質の持つ自由エネルギーを直接電気エネルギーとして取り出すことができる。

解答解説　　解答③

電気化学反応は、電気エネルギーを加え、反応方向を逆転させることが可能である。

基礎テキスト P96 ～ 97 を参照

 7 - 2　　電池

電池について、誤っているものはいくつあるか。

a 一次電池とは、充電が可能で、繰り返し使用が可能。鉛蓄電池、リ

チウムイオン電池などがある。

b　二次電池とは充電のできない電池で、マンガン電池、アルカリ電池、ニッケル電池などがある。

c　異種電極電池とは、電極電位が異なる金属が接触し、電解質溶液が存在し、アノード溶解が進行し、腐食する。

d　濃淡電池とは、電解質の濃度の高い方の金属がカソード、電解質の濃度の低い方の金属がアノードとなり、溶出する。

e　燃料電池は、水素等と酸素等を電極に供給し、電気化学的に反応させ、継続的に電力を取り出すことができる。水素・酸素等を供給すれば、電気容量の制限がない。

　　　① 0　　　② 1　　　③ 2　　　④ 3　　　⑤ 4

解答解説　解答③

a 一次電池と、b 二次電池の説明が逆である。
基礎テキスト P97 〜 98、101 を参照

 7 − 3　燃料電池

燃料電池に関する次の記述のうち、誤っているものはどれか。
①　水素と酸素を電気化学的に反応させて発電ができる。
②　アノードとカソードのみで構成される。
③　二次電池には該当しない。
④　固体高分子形、リン酸形、溶融炭酸塩形、固体酸化物形の種類がある。
⑤　理論起電力は熱力学的に求めることができる。

解答解説 解答②

燃料電池は、電解質、アノード、カソードで構成される。

③ 燃料電池は、一次電池、二次電池とは異なる。

類題 平成30年度乙種問7

基礎テキストP101を参照

 7－4 電気化学反応の電極電位

電気化学反応の電極電位電池に関する次の記述のうち、誤っているもの
はどれか。

① 電極電位とは、電極と電解質溶液との間の電位差のことである。

② 電極電位は、水素電極の標準電極電位を0とした相対値として表す
ことが多い。

③ 標準電極電位の値が負で、絶対値が大きい金属ほど、イオン化傾向
は大きい。

④ 銅Cuの標準電極電位は亜鉛Znより高い。

⑤ 2種の金属で標準電極電位が高い方が、電池でマイナス側の電極と
なる。

解答解説 解答⑤

④ 銅Cuは＋0.34V、亜鉛Znは−0.76Vで、銅Cuの方が高い。

⑤ 2種の金属で標準電極電位が高い方が、電池でプラス側の電極とな
る。

類題 平成29年度乙種問7

基礎テキストP98～100を参照

基礎 7-5　化学反応と化学平衡、電気化学反応（1）

化学反応、電気化学反応に関する次の記述のうち、誤っているものはどれか。

① 体積及び温度一定条件の下で化学反応が起こった時、生成系の内部エネルギーのほうが反応系の内部エネルギーより低い場合、発熱反応になる。

② 温度一定条件で、化学反応に伴い発生する、もしくは吸収される熱のことを反応熱という。

③ 化学反応における触媒の役割は、反応熱を大きくすることである。

④ 電気化学反応の特徴は、化学反応を電子の授受を介して行わせることである。

⑤ 燃料電池の電極間電位差は、取り出す電流を増加させる場合に小さくなる。

解答解説　解答③

③ 化学反応における触媒の役割は、反応速度を増加させる。

類題 令和2年度乙種問5

基礎テキストP93を参照

基礎 7-6　化学反応と化学平衡、電気化学反応（2）

化学反応と化学平衡、電気化学反応に関する次の記述のうち、誤っているものはどれか。

① 電気化学反応は、化学反応を電子の授受を介して行うもので、電子を受け取る反応をアノード反応という。

② 燃焼では、発熱を伴う激しい物質の化学反応が起こる。

③ ル・シャトリエの原理は、平衡状態にある反応系で、その状態に対して何らかの変動を加えた時、 平衡が移動する原理のことである。

④ 酸化反応は、対象とする物質が電子を失う化学反応である。

⑤ 一次電池とは、直流電力の放電のみが出来、充電ができない電池のことである。

解答解説 解答①

① 電気化学反応は、化学反応を電子の授受を介して行うもので、電子を放出する反応をアノード反応という。

類題 令和3年度乙種問6

基礎テキスト P96、72、83、72、97 を参照

基礎 7-7 化学反応

化学反応に関する記述のうち、誤っているものはどれか。

① 触媒は反応速度を増加させる機能を持つが、反応の進行する方向を変えることはできない。

② 不均一触媒反応のうち、固体触媒による反応を接触反応という。

③ 還元反応とは、対象とする物質が電子を受け取る化学反応である。

④ 一次反応の反応速度は、反応物質の濃度に反比例する。

⑤ 反応熱は、反応の始状態と終状態のみで決まり、反応の経路によらない。

解答解説 解答④

④ 一次反応の反応速度は、反応物質の濃度に比例する。

類題 令和4年度乙種問6

基礎テキスト P93、94、72、86、73を参照

基礎 8-1 　発熱量

次の発熱量に関する説明のうち誤っているものはどれか。

① 水蒸気の潜熱を含む発熱量を総発熱量といい、含まない場合を真発熱量という。

② 一酸化炭素の燃焼は、燃焼ガスに水蒸気を含まないため、総発熱量と真発熱量が同じである。

③ 熱量計で測定した発熱量は総発熱量であり、真発熱量は可燃ガス組成から計算できる。

④ 飽和炭化水素では、分子中の炭素が多いほど発熱量が大きく、プロパンはメタンの総発熱量の約2.6倍である。

⑤ 可燃性ガスの不完全燃焼時に得られる熱量は同量のガスを完全燃焼させたときと同等である。

解答解説 　解答⑤

⑤ 可燃性ガスの不完全燃焼時に得られる熱量は同量のガスを完全燃焼させたときより小さい。

類題 令和3年度乙種9

基礎テキスト P107 〜 109を参照

基礎 8-2　　メタンの燃焼計算

メタンの燃焼の式は、下式で表される。

$$CH_4 + \boxed{X}O_2 \rightarrow CO_2 + \boxed{Y}H_2O$$

X、Yに入る数字はいくつか。

①　X=1　Y=1　　②　X=1　Y=2　　③　X=2　Y=1　　④　X=2　Y=2

解答解説　　解答④

　　　$CH_4 + \boxed{X}O_2 \rightarrow CO_2 + \boxed{Y}H_2O$

でX、Yの求め方を解説する。

1) 左式のC（メタン）は1個だから、右式もCは1個である。従って、右式のCO_2でO（酸素）は2個である。

2) 左式のH（水素）は4個だから、右式は、水素4個で、Y＝2となる。

3) 右式のO（酸素）の合計は2個＋2個で4個だから、左式のO（酸素）は4個、従ってX＝2となる。正解は④X＝2　Y＝2である。

なお、X＝2のため、必要酸素量はメタンの2倍であるが、必要空気量は、2×100／20＝約10倍である。

基礎テキストP111を参照

基礎 9-1　　メタン・プロパンの燃焼計算

メタンとプロパンの燃焼反応で、正しいものを選べ。

①　メタン$1m^3$の燃焼では、$1m^3$の酸素が必要で、水蒸気が$1m^3$発生する。

② メタン $1m^3$ の燃焼では、$2m^3$ の酸素が必要で、水蒸気が $1m^3$ 発生する。

③ プロパン $1m^3$ の燃焼では、$5m^3$ の酸素が必要で、$5m^3$ の水蒸気が発生する。

④ プロパン $1m^3$ の燃焼では、$5m^3$ の酸素が必要で、$4m^3$ の水蒸気が発生する。

解答解説 　**解答④**

メタンの燃焼は、

$$CH_4 + 2O_2 = CO_2 + 2H_2O$$

で、酸素は $2m^3$ 必要で、水蒸気は $2m^3$ 発生する。

プロパンの燃焼は、

$$C_3H_8 + 5O_2 = 3CO_2 + 4H_2O$$

で、酸素は $5m^3$ 必要で、水蒸気は $4m^3$ 発生する。

メタンとプロパン、一酸化炭素の燃焼反応式は導き方をよく理解する必要がある。

類題 平成 29 年度乙種問 9

基礎テキスト 111 を参照

基礎 9-2 　　可燃性ガスの燃焼反応

次の可燃性ガスの燃焼反応式のうち、誤っているものはどれか。

① $CH_4 + 2O_2 \rightarrow CO_2 + 2H_2O$

② $2H_2 + O_2 \rightarrow 2H_2O$

③ $C_3H_8 + 5O_2 \rightarrow 3CO_2 + 4H_2O$

④　$C_4H_{10} + 6O_2 \rightarrow 4CO_2 + 5H_2O$

⑤　$2CO + O_2 \rightarrow 2CO_2$

解答解説　　解答④

④　$C_4H_{10} + 6O_2 \rightarrow 4CO_2 + 5H_2O$ 式は

左辺は、C が 4 個　H が 10 個　O が 12 個

右辺は、C が 4 個　H が 10 個　O が 13 個

従って、④が誤り。左辺の O_2 は 6.5 個が正解。

過去には、他にエチレンの反応が出題されたことがある。

$C_2H_4 + 3O_2 = 2CO_2 + 2H_2O$

類題　平成 29 年度乙種問 8、9、令和元年度乙種問 7、令和 2 年度乙種問 7

基礎テキスト P111 を参照

基礎　**9 - 3**　　**空気比を用いた燃焼計算**

メタン $1m^3$ を空気 $12m^3$ で完全燃焼させた。この時の空気比として最も
近い値はどれか。ただし空気中の酸素：窒素の体積比は 1：4 とする。

①　1.10　　　②　1.15　　　③　1.20　　　④　1.25　　　⑤　1.30

解答解説　　解答③

メタンの燃焼反応 $CH_4 + 2O_2 \rightarrow CO_2 + 2H_2O$

理論空気量 $2 \times 1 / 0.2 = 10m^3$（O_2：$2m^3$　N_2：$8m^3$）

求める空気比＝必要空気量／理論空気量

$= 12 / 10 = 1.20$

となり、最も近い③が正解となる。

基礎テキスト P108 〜 113 を参照

基礎 9−4　　空気比を用いた燃焼計算（2）

水素 1 m^3 を空気 3m^3 で完全燃焼させた。空気比として最も近い値はどれか。ただし、水素及び空気は、標準状態とし、空気は窒素と酸素が体積比 4:1 で混合したものとする。

① 0.8　　② 1.0　　③ 1.2　　④ 2.4　　⑤ 3.0

解答解説　　解答③

- 水素の燃焼反応式は　$H_2 + 1 ／ 2・O_2$　→　H_2O
- 水素 1m^3 当たりの理論酸素量は 0.5m^3 だから
  理論空気量は 0.5 ／（1 ／（4 ＋ 1））＝ 2.5m^3
- 空気比は　3／2.5　＝　1.2

類題　令和 3 年度乙種問 8

基礎テキスト P109 を参照

基礎 10−1　　燃焼範囲

燃焼範囲に関する説明で正しいものはどれか。

① 圧力が高いと一般的に燃焼範囲は広がり、温度の高いときは、熱の逸散速度が遅くなるので、燃焼範囲は狭くなる。

② 不活性ガスを混合すると、その量に応じて燃焼範囲は狭くなり、爆発限界は上限界が著しく低下する。

③ 容器の大きさが大きいと器壁の冷却効果の影響を受けて燃焼が維持

できなくなる。

④　ルシャトリエの式は、２種類以上の可燃性ガスの混合物の爆発限界を求めるには、成分ガスの VOL% ÷成分ガスの爆発限界、を加えていったものを分子として、分母を 100 としたものである。

⑤　爆ごう範囲は、爆発範囲の外側にある。

解答解説　　解答②

①は、温度の高いときは、熱の逸散速度が遅くなるので、燃焼範囲は広くなる。

③は、容器の大きさが小さいと器壁の冷却効果の影響を受けて燃焼が維持できなくなる。

④のルシャトリエの式は、２種類以上の可燃性ガスの混合物の爆発限界を求めるには、成分ガスの VOL% ÷成分ガスの爆発限界、を加えていったものを分母として、分子を 100 としたものである。

⑤の爆ごう範囲は、爆発範囲の内側にある。

基礎テキスト P119 ～ 122 を参照

 １０−２　各気体の燃焼範囲

メタン、プロパン、水素の燃焼範囲で正しいものはどれか。

A：4.0% ～ 74.0%　　B：5.0% ～ 15.0%　　C：2.1% ～ 9.5%

①　A：水素　　　B：プロパン　　C：メタン

②　A：水素　　B：メタン　　　C：プロパン

③　A：プロパン　　B：水素　　　C：メタン

④　A：メタン　　　B：プロパン　　C：水素

メタン、プロパン、水素の概略の燃焼範囲は押さえておきたい。

基礎テキストP119を参照

 １０−３　ルシャトリエの法則

メタン 70vol%、エタン 30vol% の混合気体の空気中における燃焼下限界（vol%）として、最も近い値はどれか。ただし、メタンとエタンの空気中における燃焼下限界は、それぞれ 5.0vol%、3.0vol% とする。

①　3.2　　　②　3.6　　　③　4.2　　　④　4.4　　　⑤　4.8

解答解説　解答③

ルシャトリエの式に当てはめると

$$L = \frac{100}{n_1 \diagup N_1 + n_2 \diagup N_2 + \cdots}$$

L：混合ガスの燃焼下限　n₁：成分ガスの体積割合　N₁：成分ガスの燃焼下限

$$L = \frac{100}{70 \diagup 5.0 + 30 \diagup 3.0} \fallingdotseq 4.2$$

類題 令和元年度乙種問 8、令和 2 年度乙種問 8

基礎テキストP120 ～ 121 を参照

基礎 **10-4** **爆発、爆燃、爆ごう**

爆発、爆燃、爆ごうに関する次の記述のうち、誤っているものはどれか。

① 空気や酸素等と混合した状態で着火すると爆発を起こすことがある。

② 温度を高くすると、燃焼範囲は狭くなる。

③ 爆燃や爆ごうは、空気や酸素と混合する濃度範囲により起こらない場合がある。

④ 爆発は、伝播速度が亜音速の爆燃と超音速の爆ごうに分類される。

⑤ 爆ごうは、衝撃波を伴うため、衝突した物体に機械的破壊作用を与える。

解答解説 解答②

② 温度を高くすると、燃焼範囲は広くなる。

類題 令和2年度乙種問9

基礎テキストP119を参照

 基礎 **11-1** **流速と流量**

内径10cmの管に都市ガスが100m³／h流れている。この時の都市ガスの流速（m／s）はいくらか、最も近いものを選べ。

① 1　② 3　③ 5　④ 7　⑤ 9

解答解説 解答②

流量は、管断面積×流速で表され、$Q = (\pi / 4) \cdot D^2 \cdot V$である。

従って V ＝ Q ÷（ π ／ 4・D^2）となり、秒速に換算するには 1 ／ 3600 を乗じる。

V ＝ 100 ÷（3.14 ／ 4 × 0.1^2）× 1 ／ 3600 ＝ 3.5（m ／ s）

類題 平成 29 年度乙種問 11、令和 2 年度乙種問 10、令和 3 年度乙種問 10

基礎テキスト P124 を参照

基礎 11－2　　内径と流速の変化

水が流れる内径 100mm の円管をなめらかに絞って下流を内径 50mm の円管とした。絞る前の水の平均流速が 2m ／ s であるとき、下流での平均流速（m ／ s）として最も近い値はどれか。ただし、水の密度は一定とする。

①　1　　　②　2　　　③　4　　　④　8　　　⑤　16

解答解説　　解答④

水の密度を ρ 、変化前の内径、流速を d_1、v_1、変化後の内径を d_2、v_2 とすると

連続の式から ρ ・ π d_1^2 ÷ 4 × v_1 ＝ ρ ・ π d_2^2 ÷ 4 × v_2

0.1^2 ÷ 4 × 2 ＝ 0.05^2 ÷ 4 × v_2

v_2 ＝ 8（m ／ s）

類題 令和 3 年度乙種問 11

基礎テキスト P124 〜 126 を参照

基礎 11-3　層流と乱流

流体の説明で誤っているものはどれか。

① 非圧縮性、非粘性流体の定常流では、運動エネルギー、位置エネルギー、圧力エネルギーの和は、流線上で一定である。 ＊1R1 ＊2R1

② 層流の平均流速は、管の中心での最大流速の１／２であり、ある地点の流速は管壁からの距離に比例する。

③ 直円管の管摩擦係数は一定で、レイノルズ数の影響は受けない。

④ 臨界レイノルズ数約 2,300 より小さい速度は層流、それより大きい速度は乱流である。 ＊3R4

⑤ レイノルズ数の大きい乱流の管摩擦係数は、管壁面の粗さに依存する。

解答解説　解答③

③ 直円管の管摩擦係数は、レイノルズ数の影響を受ける。

② 乱流の流速は、管壁付近で急激に変化し、少し遠ざかると緩やかになり、平均流速は中心流速の 0.8 倍程度である。

基礎テキスト P126、131 ～ 132、136 ～ 137 を参照

＊1R1　圧縮性流体とは、密度変化を考慮する必要がある流体である。　基礎テキスト P123
＊2R1　ベルヌーイの式は、運動エネルギーと位置エネルギー、圧力エネルギーの和が一定に保存される。　基礎テキスト P126
＊3R4　層流における圧力損失は、平均流速に比例する。基礎テキスト P136

基礎 11-4　レイノルズ数

レイノルズ数に関する説明で誤っているものはどれか。

① レイノルズ数は、流体の密度に比例する。

② レイノルズ数は、流体の平均流速に比例する。

③ レイノルズ数は、内径に比例する。

④ レイノルズ数は、流体の粘度に比例する。

解答解説　解答④

レイノルズ数は、流体の粘度に反比例する。

レイノルズ数は

　　　$Re = \rho \cdot u \cdot d / \mu$

　　　Re ＝密度×平均流速×内径÷粘度

で表される。

基礎テキスト P131 を参照

基礎　**１１−５**　　**レイノルズ数の計算**

　直円管に空気を流したときのレイノルズ数が 1000 であった。同じ直円管に同じ平均流速で水を流した場合のレイノルズ数として、最も近い値はどれか。ただし、空気の動粘度は $16mm^2 / s$、水の動粘度は $0.8mm^2 / s$ とする。

① 100　　② 1600　　③ 4000　　④ 20000　　⑤ 40000

解答解説　解答④

　レイノルズ数は、レイノルズ数 Re ＝平均流速 v ×内径 d ／動粘度 v

　　　$1000 = v \cdot d / (16 \times 10^{-6})$

　空気を流した場合の v・d

$$v \cdot d = 1000 \times (16 \times 10^{-6}) = 16000 \times 10^{-6}$$

水を流した場合のレイノルズ数

平均流速×内径は空気の場合と同じため

$$水のレイノルズ数\quad Re = v \cdot d / v = 16000 \times 10^{-6} / (0.8 \times 10^{-6})$$

$$= 20000$$

類題 平成 29 年度乙種問 10、令和元年度乙種問 10

基礎テキスト P123、131 を参照

基礎 11-6 　流量の測定

次の流量計の説明で誤っているものはどれか。

① 流量を測定する方法には、湿式ガスメーター等の直接法と、ピトー管、オリフィス、ベンチュリー、ローターメーター等の間接法がある。

② オリフィスは、比較的安いが、頭差が下流において回復しない。

③ ベンチュリーメーターは、頭差は大部分下流で回復するが、高価で場所を取る。

④ ピトー管は、配管断面の局部的な流速の測定に使用できる。

⑤ 圧力ヘッドと速度ヘッドのバランスから測定する圧力計をマノメーターという。

解答解説 　解答⑤

マノメーターは位置ヘッドと圧力ヘッドのバランスから測定する。

基礎テキスト P128 ～ 130、134 ～ 135 を参照

空気流が 50m³ ／ h のとき、差圧が 4kPa であるオリフィスで、ガスを流したとき、差圧が 16kPa となった。ガスの比重は 0.49 としたとき、流量はいくらか。最も近いものを選べ。

① 80m³ ／ h

② 110m³ ／ h

③ 140m³ ／ h

④ 170m³ ／ h

⑤ 200m³ ／ h

解答解説　　解答③

オリフィスの流量 Q、比例定数 K、差圧 ΔP、比重 γ の関係は、

$$Q = K \sqrt{(\Delta P ／ γ)}$$

で表される。

空気流から K を計算すると、

$$50 = K \sqrt{(4 ／ 1)}　　K = 50 ／ 2 = 25$$

ガス流量は、

$$Q = 25 × \sqrt{(16 ／ 0.49)}$$

$$= 25 × 4 ／ 0.7 = 143 （m³ ／ h）$$

となる。

基礎テキスト P135 を参照

基礎 1 1−8　　管内の流れ

管内の流れに関する次の記述のうち、誤っているものはどれか。

① 流体の粘性は、圧力損失の原因となる。

② 内径が縮小する部分では、圧力損失が大きく生じる。

③ オリフィスメーターを用いると、配管内の平均流速を測定すること
ができる。

④ ピトー管を用いると、配管内のある一点の流速を測定することがで
きる。

⑤ 急拡大管（ディフューザ）の機能は、下流で圧力を急激に低下させ
るものである。

解答解説　　解答⑤

⑤ 急拡大管（ディフューザ）の機能は、下流で圧力を急激に増加させ
るものである。

類題 令和2年度乙種問11

基礎テキスト P132、134、128、139 を参照

基礎 1 2 - 1 　　**伝導・対流伝熱**

伝熱に関する説明で誤っているものはどれか。

① 熱の伝熱は、固体内では熱伝導、固体と流体の間では対流、離れた
物体間では輻射の過程がある。

② 平板壁伝熱では、伝熱量は、熱伝導率、温度差に比例し、距離に反
比例する。これをフックの法則という。

③ 対流伝熱では、温度差に、その面積、熱伝達率を乗じた値が熱伝達
量である。 *R1

④ 熱伝達率は、熱伝導率のように物質だけで決まらず、そこに生ずる
対流の強さによって相違する。

⑤　熱交換器の平均温度差は、入口、出口の対数平均温度差で表される。

解答解説　　解答②

②　「平板壁の伝熱量は、熱伝導率、温度差に比例し、距離に反比例する」。これをフーリエの法則という。フックの法則は、力学で、応力とひずみは比例することを表したもの。

類題　令和3年度乙種問12

基礎テキストP145 ～ 146、151、157を参照

*R1　対流伝熱は物体表面の近くで急激な流体の温度変化が生じ、この温度変化が熱移動の駆動源となる。基礎テキスト150

基礎　**12-2**　　**熱伝導率と熱伝達率**

熱伝導率と熱伝達係数に関する説明で誤っているものはどれか。

①　気体の熱伝導率は、液体や固体に比べ小さい。

②　気体の熱伝導率は、温度の上昇とともに低下する。

③　同じ固体でも密度が大きいと熱伝導率も大きくなる。

④　熱伝達率は、静止空気より流動空気の方が大きい。

⑤　熱伝達率は、流動空気より流動水の方が大きい。

解答解説　　解答②

②　気体の熱伝導率は、温度の上昇とともに上昇する。

基礎テキストP22、151 ～ 152を参照

１２−３　　輻射伝熱

伝熱に関する次の説明で誤っているものはどれか。

① 輻射伝熱では黒体の全波長の強さを積算したものを全輻射といい、ステファンボルツマンの法則で表される。

② 真空中でも輻射による伝熱現象は生じる。

③ 輻射伝熱とは、物体表面で放射のエネルギーに変化し、これが電波と同様に進行し、他の物体面に当たって再び熱に還元する過程で伝わる。この伝熱過程をいう。

④ 輻射伝熱において黒体は、温度の2乗に比例する。

⑤ 全放射率は、物体の波長分布、表面温度、物体表面の物質と性状によって異なり、実在気体の全放射能と黒体の放射能の比である。

解答解説　　解答④

④ 輻射伝熱において黒体は、温度の4乗に比例する。

基礎テキスト P145 〜 153 を参照

 １２−４　　平板壁伝熱の計算（１）

平均熱伝導率 2.0W ／ m・℃の耐火煉瓦を温度 1,000℃で使用し、貫流熱量を 5kW ／ m² とした時、反対側側面の温度は 500℃であった。耐火煉瓦の厚みは何 cm だったか。

① 10　　　② 20　　　③ 30　　　④ 40　　　⑤ 50

解答解説　　解答②

② 平板壁伝熱の式は、$Q = \lambda \cdot (T_1 - T_2) ／ L$

ただし、Q：貫流熱量、λ：平均熱伝導率、T1、T2：温度、L：厚さ

のため、Lは、

$$L = \lambda \cdot (T_1 - T_2) ／ Q$$

数値を代入すると、

$$L = 2.0 \times (1,000 - 500) ／ 5,000 = 0.2m$$

類題 令和元年度乙種問 11、令和 2 年度乙種問 12、令和 3 年度乙種問 13
基礎テキスト P145 〜 146、149 を参照

 基礎 **12-5　　平板壁伝熱の計算（2）**

　運転中の燃焼炉の壁面に、次の A、B、C の断熱材が設置されている場合、断熱材の外面温度が低いものから順に並べたものとして適切なものはどれか。ただし、定常状態であり、燃焼炉の壁面温度と外気温は変わらないものとする。

A：厚さ 40cm、熱伝導率 0.05W ／（m・k）

B：厚さ 30cm、熱伝導率 0.06W ／（m・K）

C：厚さ 20cm、熱伝導率 0.01W ／（m・k）

① A ＜ B ＜ C

② B ＜ A ＜ C

③ B ＜ C ＜ A

④ C ＜ A ＜ B

⑤ C ＜ B ＜ A

解答解説　解答④

$$q = k \cdot \Delta T \diagup L$$

を変形すると

$$\Delta T = q \cdot L \diagup k$$

q：熱流束　　k：熱伝導率　　ΔT：温度差　　L：厚さ

$$\Delta T_A = q\,(0.4 \diagup 0.05) = 8q$$

同様に

$$\Delta T_B = 5q、\Delta T_C = 20q$$

温度差が最も大きく、断熱材の外面温度が低いのは、C<A<B

基礎テキスト P145 〜 146、149 を参照

 １２−６　　平板壁伝熱の計算（３）

　平板の両面に温度差があり、ある面積に対する伝熱量が Q_1（W）であった。その面積を 2 倍にし、かつ平板の両面の温度差を 2 倍にしたときの伝熱量を Q_2（W）とした場合、$Q_2 \diagup Q_1$ として最も近い値はどれか。

　　① 　0.5　　　② 　1　　　③ 　2　　　④ 　4　　　⑤ 　8

解答解説　　解答④

　フーリエの式に単純に当てはめるのではなく、2 つの式の理解度を問う難易度の高い問題である。

　フーリエの式は、

　　　（1）$q = Q \diagup A$　　q：熱流束 W $\diagup$ m^2　Q：伝熱量 W　A：面積 m^2

　　　（2）$q = -k \cdot \Delta T \diagup L$

　　　　k：熱伝導率 W $\diagup$ mK　　ΔT：温度差 K　　L：厚み m

（1）（2）を合わせて

$$Q = A \cdot (-k \cdot \Delta T / L)$$

面積2倍で、

$$A_2 / A_1 = 2 \rightarrow Q_2 / Q_1 = 2$$

温度差2倍で、

$$\Delta T_2 / \Delta T_1 = 2 \rightarrow Q_2 / Q_1 = 2$$

従って両者を乗ずると $Q_2 / Q_1 = 4$ 倍になる。

基礎テキストP145を参照

基礎 **12-7　　温度効率**

　熱交換器において高温流体は、入口温度が220℃、出口温度が90℃であった。低温流体の入口温度が20℃の時、高温流体の温度効率（%）として最も近い値はどれか。

　　① 55　　　② 60　　　③ 65　　　④ 70　　　⑤ 75

解答解説　　解答③

　温度効率（高温側）は、下記の式で表わされる。

$$\Phi h = (Thi - Tho) / (Thi - Tci)$$ 　　Φh：高温側の温度効率

　　Thi：高温側入口温度　　Tho：高温側出口温度

　　Thi：高温側入口温度　　Tci：低温側入口温度

$$\Phi h =（220-90）／（220-20）= 130／200 = 0.65$$

類題 令和2年度乙種問13

基礎テキストP156〜157を参照

 基礎 **12−8　熱交換器（1）**

熱交換器に関する次の説明で誤っているものはどれか。

① 熱交換器は、隔壁を通じて高温流体と低温流体の間で熱エネルギーを移動させ、加熱又は冷却を行わせる装置である。

② 管型熱交換器において、熱交換を促進するため表面にフィンを設けることがある。

③ シェルアンドチューブ式熱交換器は、多数の管束を円筒形胴に挿入したもので、最も多く用いられている形式である。

④ 並流形は、一方の流体の熱容量がほかの側の流体の熱容量より著しく大きい場合のほかは、温度効率が低くて不経済である。

⑤ 向流形は、高温流体と低温流体が逆向きとなり、温度効率が悪い。

解答解説 解答⑤

⑤ 向流形は、高温流体と低温流体が逆向きとなり、温度効率が最高で、一般によく使われる。

また、直交流形は、一般に向流形、並流形の中間の温度効率を持ち、流体通路の配置の便宜上、広く用いられている。

基礎テキストP155、161〜162、164〜165を参照

１２－９　　熱交換器（２）

次の説明にあてはまる構造の熱交換器の名称として、適切なものはどれか。

「凹凸形にプレスされた伝熱板をガスケットで挟んで重ね合わせ、板の間を交互に２つの流体が流れるようにした構造」

① 二重管式熱交換器

② プレート形熱交換器

③ ジャケット形熱交換器

④ ブロック形熱交換器

⑤ 多管円筒式熱交換器

解答解説　　**解答②**

プレート形熱交換器は、容易に組立、分解ができるので、掃除点検が簡単であるという利点がある。

類題 平成 29 年度乙種問 13

基礎テキスト P162 ～ 164 を参照

 １３－１　　応力とひずみ

金属材料に関する応力とひずみについて、誤っているものはどれか。

① 力を P、原断面積を A とすれば、応力 σ は、$\sigma = P / A$ で表わされる。

② 材料の長さが L、λ だけ伸縮する時、ひずみは $\varepsilon = L / \lambda$ となる。

③ フックの法則は、応力を σ、縦弾性係数を E、ひずみを ε とすると、$\sigma = E \cdot \varepsilon$ となる。

④　ひずみは伸縮方向と直角な横の方向にも逆のひずみ、あるいは伸び
　を生ずる。

⑤　ひずみは無次元である。

解答解説　　解答②

②　材料の長さがL、λだけ伸縮する時、ひずみは ε ＝ λ ／ L となる。

類題 ｜ 平成 29 年度乙種問 14

基礎テキスト P166 ～ 167 を参照

 13 − 2　　応力ひずみ線図（1）

軟鋼（低炭素鋼）の引っ張り試験による応力ひずみ線図について、誤っ
ているものはどれか。

①　強度算定に用いる降伏点は、下降伏点を指し、この点で塑性変形が
　生ずるものとしている。

②　弾性限度までは、フックの法則が成立する。

③　軟鋼に下降伏点まで応力をかけ、応力を除くと変形が残る。

④　最大荷重点に相当する力を破壊強さという。

⑤　多くの材料は、軟鋼のように応力ひずみ線図は明確に描かれず、銅
　や高張力鋼は、なめらかに変形する。この降伏点と同等の効果を与え
　るように、永久ひずみを定めている。この応力を耐力、または、0.2%
　耐力と呼ぶ。

解答解説　　解答②

②　フックの法則が成立するのは、比例限度までである。

弾性変形は、外力を取り去ると元に戻る変形で、塑性変形は外力を取り

去っても元の形に戻らない変形である。

基礎テキストP167 〜 168を参照

基礎 13-3 応力ひずみ曲線図（2）

ぜい性材料や延性材料等の応力ひずみ線図を以下に示す。線図と材料の組合せとして適切なものはどれか。

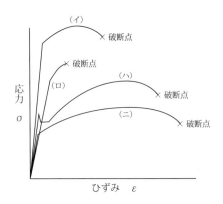

	（イ）	（ロ）	（ハ）	（ニ）
①	高張力鋼	ぜい性材料	軟鋼	延性材料
②	高張力鋼	ぜい性材料	延性材料	軟鋼
③	高張力鋼	延性材料	軟鋼	ぜい性材料
④	ぜい性材料	高張力鋼	延性材料	軟鋼
⑤	ぜい性材料	軟鋼	高張力鋼	延性材料

解答解説 解答①

各材料毎に整理しておきたい。

基礎テキスト P168 を参照

基礎 13-4　　許容応力と安全率

金属材料の破損限度（基準強さ）の説明で、誤っているものはどれか。
＊R2

① 安全係数（安全率）が小さいほど、安全に対して余裕のある設計と
なっている。

② 延性材料では、破損限度は、常温で静荷重を受ける時、降伏点又は
耐力とする。

③ 脆性材料では、破損限度は、常温で静荷重を受ける時、破壊強さと
する。

④ 高温で静荷重を受ける時、破損限度は、クリープ限度又はクリープ
破壊応力とする。

⑤ 繰り返し応力を受ける場合は、破損限度は、疲れ限度とする。

解答解説　　解答①

① 安全係数（安全率）は安全率＝基準強さ／許容応力で、1 よりは大
きく、大きいほど、安全に対して余裕のある設計となっている。

基礎テキスト P168 〜 169 を参照

＊R2　薄肉円筒の肉厚（円筒外部との圧力差）による円周応力は、軸応力の 2 倍である。基礎テキスト P170

原断面積が 100mm^2 の円柱の延性材料の試験片について、常温で引張試験を行ったところ、降伏点での引張力は 10000N であった。

引張応力（MPa）として最も近い値はどれか。

① 10000　　② 1000　　③ 100　　④ 10　　⑤ 1

解答解説　　解答③

引張応力 σ ＝力 P ÷断面積 A で表される。単位を揃えて

$$\sigma \ = \ 10,000 \ \div \ 100 \ \times \ 10^{-6} \ = \ 100 \ \times \ 10^{6} \ = \ 100$$
$$(\text{N／m}^2) \qquad (\text{N}) \qquad\qquad (\text{m}^2) \qquad\qquad (\text{N／m}^2) \qquad (\text{MPa})$$

類題 令和元年度乙種問 13、令和 3 年度乙種問 15

基礎テキスト P166 を参照

基礎 14-1　　炭素鋼

炭素鋼に関する記述で誤っているものはどれか。

① 炭素鋼は、鉄に合金元素として炭素だけを含む鋼であり、少量の不純物も含む。

② 炭素含有割合によって炭素 0.3% 以下は低炭素鋼、0.45% 以上は高炭素鋼と呼ばれる。

③ 炭素鋼は、炭素が増加すると引張り強さは減少し、伸びは増加する。
　*R3

④ 不純物として、リンは硬さや引っ張り強さを増し、伸びを減らすが、延性・脆性の遷移温度を高める。

⑤　不純物として、硫黄は、熱間加工中に割れが生じやすく、機械的強度を減少させる。

解答解説　　解答③

③　炭素鋼は、炭素が増加すると引張り強さは増加し、伸びは減少する。

類題 令和3年度乙種問14

基礎テキスト P172 を参照

*R3　引張り強さが 490MPa 未満の炭素鋼が一般に用いられ、490MPa 以上の炭素鋼は高張力鋼と呼ばれる。基礎テキスト P172

基礎 **14-2　特殊鋼**

特殊鋼に添加する元素の特徴で誤っているものはどれか。

①　炭素鋼に Ni、Mn、Mo などの合金元素を添加した鋼を特殊鋼という。

②　ニッケル、マンガンは、オーステナイト系生成元素で、焼き入れ性を大にするため、強さと、靭性を高め、耐低温性を増す。

③　クロム、モリブデン、タングステンは、フェライト系生成元素で、フェライトに固溶して、硬く強くし、耐摩耗性を増す。

④　クロムは、鉄より酸化しにくく、その酸化物は緻密で、大気中や高温での耐酸化性、耐熱性を改善する。

⑤　モリブデンは、高温クリープ強さを高める効果が大で、焼き入れ性を著しく改善し、焼戻しもろさを防止する。

解答解説　　解答④

④　クロムは、鉄より酸化しやすく、その酸化物は緻密で、大気中や高温での耐酸化性、耐熱性を改善する。

Ni：ニッケル、Mn：マンガン、Mo：モリブデン、W：タングステンである。

基礎テキスト P173 を参照

14-3　高温・高圧装置用材料

高温・高圧装置用材料の特徴について誤っているものはどれか。

① 炭素鋼は700℃程度までが使用限界で、この温度以上になると黒鉛化現象によって強度が低下するため、各種の合金元素を添加し、特殊鋼を使用する。

② 高温装置用材料には、クロム・モリブデン鋼、ステンレス鋼、ニッケル合金などが使われる。

③ 材料は高温において長時間一定応力を加えておくと、ひずみが時間とともに増加し、引張り強さよりはるかに小さな応力で破壊する。これをクリープという。

④ 高温でもある応力以下では、ある時間後、クリープは停止する。この限度応力をクリープ限度という。

⑤ 高圧装置用材料の応力腐食割れ対策として、高純度フェライト系ステンレス鋼などが使用される。

解答解説　解答①

① 炭素鋼は450℃程度までが使用限界で、この温度以上になると黒鉛化現象によって強度が低下する。

基礎テキスト P174、176 ～ 178 を参照

14-4　低温装置用材料

低温装置用材料に関する記述で、誤りはどれか。

① 金属は、温度の低下とともに、引張強さ、降伏点、硬度が低下し、伸び、絞り、衝撃などの靱性が上昇する。

② ある温度以下では、急に脆くなり、衝撃値の低下として表れる。この性質を低温脆性と呼ぶ。

③ 低温脆性は、フェライト鋼のような体心立方格子金属で起き、オーステナイト鋼など面心立方格子金属には認められない。

④ -101℃までは、炭素鋼や低合金鋼が用いられ、-101℃以下では9%ニッケル鋼、-196℃以下ではオーステナイト系ステンレス鋼等が用いられる。

解答解説　解答①

① 金属は、温度の低下とともに、引張強さ、降伏点、硬度が増し、伸び、絞り、衝撃などの靱性が低下する。

基礎テキスト P174 ～ 175 を参照

 14-5　金属材料の破壊

金属材料の破壊に関する次の記述のうち、誤っているものはどれか。

① 繰り返し応力による破壊現象を疲労破壊といい、一般的に応力振幅が大きいほど破壊までの繰り返し数は小さい。

② オーステナイト鋼ステンレスを溶接したもののように、応力腐食割れは、内部に引張応力が存在する場合に起こりえるが、圧縮応力の場合には発生しない。

③ クリープ現象は、応力が大きいほど、また温度が低いほど、顕著に
　現れる。

④ 金属がある温度以下で急にもろくなる性質のことを低温ぜい性とい
　う。

⑤ 溶接部近傍に生じる割れのうち、溶接後、長期間経過してから生じ
　るものを遅れ割れという。

解答解説　　**解答③**

③ クリープは、応力が大きいほど、温度が高いほど、顕著に現れる。

類題　令和元年度乙種問 14

基礎テキスト P176 〜 178 を参照

 15－1　　高分子材料（1）

高分子材料の説明で、誤っているものはどれか。

① 構造用材料に使用される高分子材料には、熱可塑性樹脂と熱硬化性
　樹脂があるプラスチック材料と、ゴム材料などのエラストマーに分類
　される。

② 熱可塑性樹脂は、加熱により成形でき、冷えると固化する。固化と
　軟化は不可逆的である。

③ 熱硬化性樹脂は、硬化すると不溶、不融となり、不可逆的で、成形
　は 1 回しか行えない。

④ ポリエチレンは、ガス用導管材料に用いられる。

⑤ エポキシ樹脂は、配管、容器、ポンプ等の内面コーティング、ライ
　ニング材料として用いられる。

解答解説 解答②

② 熱可塑樹脂は、固化と軟化は可逆的である。

基礎テキスト P179 〜 180 を参照

 15 - 2　高分子材料（2）

高分子材料の説明で、誤っているものはいくつあるか。

a 金属材料に比べて、比重が小さく、熱伝導率が小さく、引張強さが小さい。 *R1

b 光劣化とは、高温で長時間使用した場合、高分子材料が熱と酸素の影響で劣化することである。

c 熱酸化劣化とは、紫外線を吸収すると高分子材料の分子が分解する現象である。

d 環境応力割れとは、応力と化学薬品の相互作用で、高分子材料に亀裂が発生する現象である。

　　　① 1　　　② 2　　　③ 3　　　④ 4　　　⑤ 5

解答解説 解答②

b、c が誤り。

熱酸化劣化とは、高温で長時間使用した場合、高分子材料が熱と酸素の影響で劣化することである。また、光劣化とは、紫外線を吸収すると高分子材料の分子が分解する現象である。

類題 平成 29 年度乙種問 15

基礎テキスト P179 〜 180、183 〜 185 を参照

*R1 金属材料に比べて、酸に対する耐食性が優れている。基礎テキスト P179

高分子材料の性質に関する次の記述のうち。誤っているものはどれか。

① 紫外線を吸収すると、分解することがある。

② クリープは、常温では発生しない。

③ 金属材料に比べて、比重が小さい。

④ 金属材料に比べて、熱伝導率が小さい。

⑤ 応力ひずみ線図では、軟鋼のような明瞭な降伏点が見られない場合
がある。

解答解説　解答②

② クリープは、高分子材料では常温でも発生する。

類題　令和2年度乙種問15

基礎テキスト P179 ～ 182 を参照

第3章

ガス技術科目　製造分野

 1-1　都市ガスの原料（1）

都市ガスの原料に関する内容で誤っているものはどれか。

① 　LNG の沸点は約-160℃と低く、常温では加圧するだけでは液化しない。

② 　LNG の気化ガスは、-110℃以下の低温で空気より重く、地表で滞留するおそれがある。

③ 　LNG は液化することにより、体積が1／600となり、タンカーによる輸送が可能になった。

④ 　大気圧下でプロパンは-40℃、ブタンは0℃の沸点を有する液体であり、外部からの入熱で一部が気化するため、貯蔵時の圧力上昇や計測器への影響など、十分注意を要する。

⑤ 　国産天然ガスは、千葉県、新潟県、北海道に多く産出されており、不純物が多く、脱硫など精製設備を必要とする。

解答解説　　解答⑤

⑤ 　国産天然ガスは、不純物が少なく、脱硫設備などの精製設備は不要であり、CO_2 が多く含まれる場合は、脱炭酸を行っている。

LNG の沸点、液化による体積の減少、LPG との違いなどは、確実に理解のこと。

日本ガス協会都市ガス工業概要製造編（以下、製造テキスト）P7、10、

23 を参照

製造 1－2　　都市ガスの原料（2）

都市ガスの原料に関する次の記述のうち、正しいものはいくつあるか。

a　構造性の天然ガスは、頁岩層に含まれる非在来型の天然ガスである。

b　水溶性の天然ガスは、地下 3,000 m～ 5,000m の深い地層に存在する。

c　コールベッドメタンは、メタンを主成分とした天然ガスが、石炭層の中に貯留されてものである。

d　シェールガスは、孔隙率や浸透率が高く、１坑井当たりの生産量が多い。　＊R2

e　下水汚泥や食品廃棄物等の有機性廃棄物をもとに、メタン発酵したものがバイオガスである。

①　1　　　　　②　2　　　　　③　3　　　　　④　4　　　　　⑤　5

解答解説　　解答②

a　構造性の天然ガスは、粘土等の不浸透層が帽岩 (キャップロック) となって捕らわれて貯留された在来型の天然ガスである。

b　水溶性の天然ガスは、比較的浅い帯水層の地下水に溶解しているものである。

d　シェールガスは、孔隙率・浸透率とも非常に低く、生産量確保のためには多くの坑井数が必要。

製造テキスト P6 ～ 7、26 ～ 27 を参照

＊R2　シェールガスとは、主に砂岩層が貯留槽となっている従来のガス田ではなく、

泥岩（頁岩）層に　含まれる非在来型天然ガスの一種である。製造テキスト P6

 1-3　　LNG、バイオガスの諸現象

LNG、バイオガスに関する次の記述のうち、正しいものはいくつあるか。 *1R3

a　遠心式 BOG 圧縮機の吐出口を絞った際、小流量で吐出圧が脈動し、騒音と振動により、運転できなくなる現象をガイザリングという。*2R2

b　LNG 配管で生じる液撃現象は、水の場合は、水撃（ウォーターハンマー）という。

c　液撃現象は、ベルヌーイの式では、圧力エネルギーが運動エネルギーに変換されている。

d　LNG 内航船では、発生する BOG はタンクに蓄圧され、外航船では燃料に使われる。

e　シクロヘキセンは、シャンプー等スキンケア化粧品に含まれ、内燃機関や点火プラグに付着したり、触媒表面に被覆し、部品寿命に影響する。

① 1　　　　② 2　　　　③ 3　　　　④ 4　　　　⑤ 5

解答解説　　解答②

a　この現象はサージングという。

c　液撃現象は、ベルヌーイの式では、運動エネルギーが圧力エネルギーに変換されている。

e　シクロヘキセンではなく、シロキサン。

製造テキスト P13、19、29 を参照

*1R3　バイオガスは二酸化炭素や有害成分が含まれるため、都市ガス原料とするには精製する必要がある。製造テキスト P27

*2R2　LNG の受入配管等では、外部からの入熱により過熱状態になっている場合、弁の開放等により圧力が急激に減少し、LNG の一部が気化され、鉛直配管部では液・気相間の急激な相転移が連続的に生じる。これによって発生する振動現象をガイザリングという。製造テキスト P13

製造　1−4　　ＬＮＧ出荷基地と製造プロセス

LNG 出荷基地及び LNG の製造プロセスに関する次の記述のうち、誤っているものはどれか。

① 　LNG の主成分であるメタンの臨界温度は−82℃と非常に低いため、常温で液化するには断熱圧縮する必要がある。

② 　水溶性ガスは、水に溶解しており、地下水と一緒に産出する。

③ 　重質分除去のプロセスでは、低温で固化するペンタンやヘプタン等の重質分を除去する。　*R3

④ 　ガスの脱水は、主にガスハイドレート（水分と天然ガスが結合した雪状の固体物質）の生成を防ぐために行う。

解答解説　　解答①

① 　液化プロセスの基本原理は、圧縮した流体を断熱膨張して得られる温度低下を利用したものである。

製造テキスト P7、P14 〜 15 を参照

*R3　天然ガスの液化工程において行われる水銀除去は、低温部材として広く利用されるアルミニウムの腐食防止の観点から重要である。製造テキスト P15

第3章　ガス技術科目　製造分野

LNG の取り扱いでキーワードとその説明について、誤っているものはどれか。

① 　ロールオーバー：LNG 貯槽では、下層に重質分、上層に軽質分と異なった密度の層を形成することがある。この密度が、上下逆転した場合、急激な混合が起こる。このとき、蓄熱された BOG が急激に発生する。

② 　ベーパーロック：液体が配管などの内部で気化して溜まり、ポンプなどに吸い込まれて液送できなくなる現象。

③ 　キャビテーション：ポンプの液体内に局部的な低圧部が生じると、液体が気化して蒸気の気泡が発生する。 ＊R3

④ 　BOG：LNG は貯蔵中に外部から入熱により沸点の低いメタンを主とするボイルオフガスが発生するため、メタン以外の成分濃度が低くなる。

⑤ 　水和物：LNG 中に微量水分が含まれている場合、水和物によるライン閉塞トラブルを起こす。

解答解説　解答④

④ 　LNG は貯蔵中に外部から入熱により沸点の低いメタンを主とするボイルオフガスが発生するため、メタン以外の成分濃度が高まる。（濃縮という）

① 　通常密度差が小さい異種 LNG を入れた場合は、貯槽内部で対流が盛んになり液全体が均質な密度分布となる。

BOG と濃縮、ロールオーバー等は確実に理解のこと。

製造テキスト P11 ～ 13 を参照

＊R3　LNG ポンプの運転においては、急激な圧力低下や温度上昇により、キャビテ

ーションが発生しないように注意する。製造テキストP 11

 1−6　　ＬＮＧの取扱い（2）

LNG 取り扱いの留意事項について誤っているものはどれか。

① 　水分、油分等の乾燥によるトラブルを防ぐため、LNG を取り扱う前に、機器内を充分湿潤させる必要がある。

② 　LNG の拡散ガスに着火すると、火炎が伝播し液表面での燃焼となる。これをプール燃焼という。消火に注水してはならない。

③ 　バルブを閉じる操作等により、配管の閉ざされた部分に LNG が残る状態を液封という。

④ 　LNG の漏えいによるメタンガスの可燃性混合気は、白い霧の内部に存在するので、白い霧は危険域の存在を示す一つの目安である。

⑤ 　LNG 貯槽で層状化が発生した場合には、他の貯槽への移送、貯槽内での循環や撹拌等で層状化を解消しなければならない。

解答解説　　解答①

① 　水分、油分等の凍結によるトラブルを防ぐため、LNG を取り扱う前に、機器内を充分乾燥させる必要がある。

　　また、貯槽や配管は、急激にクールダウンすると、大きな温度差が生ずる恐れがあるため、十分注意を要する。　*R3

製造テキスト P11 ～ 13、60 を参照

*R3　配管等をクールダウンする際は、配管下部と上部の温度差が大きくなることによりボーイングが生じないよう、時間をかけることが重要である。製造テキストP13

製造 2-1　LNG貯槽（1）

LNG貯槽に要求される項目のうち、（　）部で誤っているものはどれか。

- LNGを取扱う機器は①（靱性が重要）である。
- 貯槽の材料は、LNGの貯蔵温度である②（0℃付近でも良好な機械的性質）を有していること。
- 外壁を通した熱の侵入を防止する保冷材は、適当な強度を有し、③（低温域での熱伝導率が小さく）、④（吸水率が小さい）こと。
- 万一、⑤（LNGが漏えいした時にも、被害が拡大しない安全性）を有すること。

解答解説　解答②

②　LNG貯槽の温度は、0℃ではなく、−160℃付近の低温である。

製造テキストP40を参照

製造 2-2　LNG貯槽（2）

LNG貯槽の説明で誤っているものはいくつあるか。　＊R4

a　PC式貯槽は、金属二重殻式貯槽と防液堤を一体化した貯槽で、防液堤はプレストレストコンクリートを用いている。

b　真空断熱式は、現地で組み立てを行うことにより、常圧断熱式より大きな貯槽とすることができる。

c　常圧断熱式は、工場にて組み立て、現地に輸送されるので、品質が向上し、現地作業が少ないが、容量が制限される。

d　メンブレン式は、鉄筋コンクリート製の躯体内面に硬質ウレタン製の断熱材とステンレス製のメンブレンを設置した構造で、コルゲーシ

ョンという波形に加工されて、熱収縮を吸収する。

e　ピットイン式は、金属二重殻式貯槽を地下に構築した構造で、万一
　液が漏えいしても地表に流出しない構造になっている。

　　　① 0　　　② 1　　　③ 2　　　④ 3　　　⑤ 4

解答解説　　解答③

bとcの説明が逆になっている。

b　真空断熱式は、工場にて組み立て、現地に輸送されるので、品質が
　向上し、現地作業が少ないが、容量が制限される。

c　常圧断熱式は、現地で組み立てを行うことにより、真空式より大き
　な貯槽とすることができる。

製造テキスト P41 ～ 44 を参照

*R4　LNG ローリーや LNG コンテナは、真空断熱方式の二重殻式横置円筒型の超
低温容器を有し、道路輸送や鉄道輸送が可能である。製造テキスト P19

製造 2-3　　BOG圧縮機

BOG 圧縮機について、誤っているものはどれか。

①　LNG 受入時や LNG 貯槽への入熱により発生する BOG は、LNG 貯槽
　の内圧上昇を防止するため、BOG 圧縮機などで処理される。

②　往復式レシプロ型で吐出量を減少させるには、クリアランス弁を用
　いてシリンダーの隙間容積を増加させる方法がある。

③　遠心式ターボ型は、弁操作などで容量調整が比較的容易であるが、
　吐出口を絞りすぎるとサージングが起こる可能性がある。

④　回転式スクリュー型は、低温仕様ではないため、BOG は熱交換器に

より 0℃以上に加温後、圧縮機で昇圧される。　＊R4

⑤　LNG サテライト基地でも、据付面積の小さい遠心式や回転式などの圧縮機を設置している。

解答解説　解答⑤

⑤　LNG サテライト基地では、通常 BOG 圧縮機は設けず、BOG を直接払い出し LNG に混ぜたり、BOG を加熱した後、送出ガスに混ぜて処理をしている。

製造テキスト P45 ～ 51 を参照

＊R4　回転式スクリュー型の BOG 圧縮機の容量調整は、スライド弁操作により容易に連続調整が可能である。製造テキスト P51

 2 - 4　気化器

気化器の説明について、誤っているものはどれか。

①　オープンラック式気化器は LNG の膜沸騰、飛沫同伴、氷結などを考慮して熱伝達の向上を図っている。

②　オープンラック式気化器の伝熱管の材質は、低温脆性や成形性からアルミニウム合金を使用している。

③　中間熱媒体式気化器は、熱交換器が高価なためピークロードとして使用されている。

④　サブマージド式気化器は、水中燃焼を利用し、熱源として LNG の気化ガスを使っており、運転費用が高いため、ピークシェービング用として利用される。

⑤　エアフィン式気化器は、主に LNG サテライト基地で用いられる。

③　中間熱媒体式気化器は、海水からの熱を中間熱媒体（プロパンなど）を利用して LNG に伝えて、これを気化するため、ランニングコストが低廉で、ベースロードとして利用される。

製造テキスト P60 〜 66 を参照

製造　2−5　　ＬＮＧポンプ

ガス製造工場においてポンプは広い分野でその目的に応じて、使われている。LNG ポンプに関する説明で正しいものはどれか。

①　渦巻きポンプ：非容積式で遠心力の働きにより液が圧力を得る。

②　往復ポンプ：非容積式で羽根が液に与える揚力によって圧力を生ずる。

③　ロータリーポンプ：容積式でシリンダー内でピストンの往復により液を送り出す。

④　軸流ポンプ：容積式でケーシングとロータからなり、軸の回転により押し出す。

⑤　斜流ポンプは、容積式ポンプである。

解答解説　　解答①

②　「非容積式で羽根が液に与える揚力によって圧力を生ずる」のは、軸流ポンプ。

③　「容積式でシリンダー内でピストンの往復により液を送り出す」のは、往復ポンプ。

④　「容積式でケーシングとロータからなり、軸の回転により押し出す」のは、ロータリーポンプ。

⑤　斜流、渦巻き、軸流の各ポンプは、非容積式（ターボ式）ポンプ、
往復、ロータリーの各ポンプは、容積式ポンプである。

製造テキスト P54 ～ 55 を参照

製造 **2－6**　　**LNGポンプ他製造設備**

都市ガスの製造設備に関する次の記述のうち、誤っているものはどれか。

①　PC 式平底円筒形貯槽は、金属二重殻式貯槽と防液堤を一体化した
貯槽であり、内槽と外槽の間の空間には、外部入熱を防ぐため断熱材
（パーライト）と窒素ガスが充填されている。

②　斜流ポンプは、遠心力と羽根の揚力によって液体に圧力を与えるも
のである。

③　ポンプの性能曲線図は、ポンプの規定回転数における吐出量、全揚
程、ポンプ効率、軸動力等の関係を示すものである。

④　LNG ポンプは、LNG 一次受入基地では遠心式サブマージドポンプ、
LNG 二次受入基地や LNG サテライト基地等では、ベーン式ポンプ、
キャンドモーターポンプが用いられる。

⑤　ポンプのキャビテーションを防止するためには、有効吸込ヘッドを
必要有効吸込ヘッドより小さくする必要がある。

解答解説　　**解答⑤**

⑤　ポンプのキャビテーションを防止するためには、有効吸込ヘッ
ド＞必要有効吸込ヘッドの関係を維持しなければならない。

類題　令和 2 年度乙種問 2

製造テキスト P41、55 ～ 56、58、91 を参照

2-7　ガスホルダーの貯蔵能力

下記仕様のガスホルダーの貯蔵の能力（m³）で、最も近いものを選べ。＊R4

内径　20m　　最高使用圧力 0.8MPa

①10,000　　②20,000　　③30,000　　④40,000　　⑤50,000

解答解説　解答④

球体の体積　　V ＝　4 ／ 3 π ×（20 ／ 2）³　≒　4,200m³

従って、貯蔵能力Qは

Q ＝（10P ＋ 1）V　＝　（10 × 0.8 ＋ 1）× 4,200

＝　37,800m³　≒　40,000m³

製造テキスト P73 を参照

＊R4　ミキシングホルダーは、製造ガスを混合し、供給ガスの成分、熱量及び燃焼性を均一化させる機能を有する。製造テキスト P77

 2-8　　LNG配管

LNG 配管に関する次の記述のうち、誤っている組合せはどれか。

a　配管材料は、低温靭性に優れた材料を用いる。

b　配管は、原則としてフランジ継手構造とする。ただし、メンテナンスが容易に行えるように必要に応じて溶接継手を設ける。

c　熱収縮、熱膨張を考慮し、必要に応じ配管ループ等を設ける。

d　弁により液が配管中に封じ込められるおそれのあるところには、必要に応じ液の異常圧力低下を防ぐための措置を講ずる。

e　運転開始時又はメンテナンス時に管内部の流体（液体又はガス）が

容易に置換できるように、ベント装置やドレン排出装置を設ける。

① a、e　　② b、c　　③ b、d　　④ c、e　　⑤ d、e

解答解説　　解答③

b　配管は、原則として溶接継手構造とする。ただし、メンテナンスが容易に行えるように必要に応じてフランジ継手を設ける。

d　弁により液が配管中に封じ込められるおそれのあるところには、必要に応じ液の異常圧力上昇を防ぐための措置（圧力逃がし弁等）を講ずる。

製造テキスト P78 ～ 79 を参照

製造　**2 - 9**　　**製造設備全般（1）**

製造設備に関する次の記述のうち、誤っているものはどれか。

①　エアフィン式気化器は、周りの空気が冷却され空気中の湿分が霧状となることがあるため、敷地境界までの距離を十分とるか、冷気を拡散するためのファンを設ける等の対策が必要となる。

②　オーステナイト系ステンレス鋼を LNG 配管に使用する場合は、極低温によって生じる熱収縮を吸収するため、必要に応じ配管ループなどを設ける。

③　LPG は、常温で加圧することで容易に液化貯蔵が可能であり、一般的に加圧式の貯槽としては、円筒形貯槽と球形貯槽が用いられる。

④　LNG ローリ―から貯槽への LNG の受け入れ作業には、基地側に設けられた加圧式蒸発器を用いる場合と、LNG ローリ―側に設けられた加圧式蒸発器を用いる場合がある。　*R4

⑤ 円筒形ガスホルダーは、表面積が少ないので、球形ガスホルダーに
比べ、単位貯蔵ガス量当たりの使用鋼材量が少ない。

解答解説　　**解答⑤**

球形ガスホルダーは、表面積が少ないので、他のガスホルダーに比べ、
単位貯蔵ガス量当たりの使用鋼材量が少ない。

類題 平成 29 年度乙種問 2

製造テキスト P65、78、90、40、74 を参照

*R4　LNG サテライト基地における LNG ローリー等から LNG 貯槽への受け入れ作
業では、LNG 基地側又は LNG ローリーなどに設けられた加圧蒸発器を使用して行
われる。製造テキスト P37

製造 **2-10　　製造設備全般（2）**

製造設備に関する次の記述のうち、誤っているものはどれか。

① BOG 再液化設備の直接混合方式では、電力削減効果を得られる
が、LNG 貯槽内の LNG の濃縮対策には有効ではない。

② エアフィン式気化器は、運転費が低廉でベースロード用として使用
されるが、長時間運転すると空気中の水分が伝熱管の表面に氷と
なって付着し、連続運転時間に制約が生ずる。

③ LNG ポンプは、軸受に過大なスラスト荷重がかからないようにす
るため、バランス機構を設けている。

④ 玉型弁は、弁体が弁座面に垂直に開閉する形式で、流れの方向
に変化がなく、流体の圧力損失が小さい。

⑤ 大口径の LNG 配管においては、直接低温液を導入することにより
配管の上下方向に温度分布が生じ、上下の収縮差によりボーイング
現象が発生する。

解答解説　解答④

④　玉型弁は、弁体が弁座面に垂直に開閉する形状で、流れの方向が急激に変化するため流体の圧力損失は大きい。

③　スラスト荷重：軸方向に加わる荷重

類題　令和元年度乙種問2

製造テキスト P52、65、58、84、78 を参照

製造 **2-11　製造設備全般（3）**

LNG 設備に関する次の記述のうち、正しいものはどれか。

①　常圧断熱式縦置円筒形貯槽は、内槽と外槽からなる金属二重殻構造であり、断熱効果を高めるため、内槽と外槽の空間は断熱材が充てんされるとともに、高度の真空状態に保たれている。

②　直接熱交換型シェルアンドチューブ式気化器は、ランニングコストが低廉であるため LNG 一次受入基地のベースロード用として使用される。

③　遠心式 BOG 圧縮機は、圧力上昇及び所要動力が吸入ガスの質量比にほぼ比例し、一般に低圧で大容量のものに使用される。

④　LNG ローリー出荷設備において、LNG ローリーと LNG 配管を接続するためには、フランジ継手が用いられる。

⑤　逆止弁（チャッキ弁）は流体の流れを常に一定方向に保ち逆流を防止する機能を持つ弁で、直動式やパイロット式がある。

解答解説　解答③

①　真空ではなく、不活性ガスが封入されている。

② 主に LNG サテライト基地等で用いられる。

④ LNG 配管を接続するためには、ローディングアーム又はフレキシブルホースが用いられる。

⑤ スイング式やリフト式等がある。

類題 令和 3 年度乙種問 2

製造テキスト P43、63、46、97、86 を参照

製造 2-12 ホルダー稼働量の計算

次の条件で、最低稼働しなければならないホルダー稼働量はいくらか。もっとも近いものを選べ。

最大送出量：200 万 m^3 ／日　　製造能力：6 万 m^3 ／時

時間当たり送出量が製造能力より多い時間帯：10 時から 20 時（10 時間）

10 ～ 20 時の一日の送出量に対する送出率：0.5

① 10万m^3　② 20万m^3　③ 30万m^3　④ 40万m^3　⑤ 50万m^3

解答解説　解答④

ホルダーの必要稼働量＝ 10 ～ 20 時の送出量－10 ～ 20 時の製造能力

　　　　　　　　　　＝ 200 万 m^3 × 0.5 －6 万 m^3 ／時× 10 時間

　　　　　　　　　　＝ 40 万 m^3

製造テキスト P71 ～ 72 を参照

製造 3－1　　燃焼性

燃焼性に関する説明で誤っているものはいくつあるか。

a　燃焼性を表す指標は、ウォッベ指数（WI）と燃焼速度（MCP）である。 *1R2

b　ガスグループは、燃焼速度（MCP）とウォッベ指数（WI）のそれぞれの最高値、最低値の組合せによって分類される。

c　WI はガス機器のノズルから単位時間に噴出するガスの熱量の大きさを示す指数で、ガス機器ノズルの開度調整に必要な指数である。

d　WI は、S／√H（S：ガス比重、H：総発熱量）で表される。 *2R1

e　混合ガスの MCP は、ガス組成や空気との混合比、ガスの温度、圧力といった燃焼条件によって変化するため、ガス事業法で示す式で計算によって求められる。

　　① 0　　　② 1　　　③ 2　　　④ 3　　　⑤ 4

解答解説　　解答②

d　WI ＝ H／√S　　H：総発熱量　　S：ガス比重

製造テキスト P145 ～ 148、163 を参照

*1R2　燃焼速度は、ガスの組成、空気比等の条件により変化する値であり、どのガスでも組成に応じてある空気比のとき最大となる。この値を最大燃焼速度（MCP）という。製造テキスト P145

*2R1　ガス比重とは、同一温度及び同一圧力における等しい体積のガスと乾燥空気の質量の比と定義される。製造テキスト P163

製造 3－2　　増熱と希釈

増熱と希釈に関する説明で、誤っているものはどれか。

第3章　ガス技術科目　製造分野

a　ガスの熱量及び燃焼性を調整するために、2種類以上のガスを混合する場合、LPG 等による増熱と、空気等による希釈の方法がある。 *R2

b　増熱して熱量を調整する場合、混合ガスの熱量と燃焼性及び LPG 等の増熱原料の露点の確認を行う。

c　露点とは、ガスを冷却していくとき、ガス中の炭化水素が凝固する温度を示す。

d　希釈して熱量を調整する場合、燃焼速度は変化しないが、ウォッベ指数は低下する。

e　高圧ガス保安法では、酸素濃度が 18% 以上のガスを圧縮してはならない。

①　a、b　　　②　b、c　　　③　c、e　　　④　b、d　　　⑤　d、e

解答解説　　解答③

c と e が誤り。

c　露点とは、ガスを冷却していくとき、ガス中の炭化水素が液化する温度を示す。

e　高圧ガス保安法では、酸素濃度が 4% 以上のガスを圧縮してはならない。

製造テキスト P150 を参照

*R2　LPG を用いて増熱し熱量を調整する場合、LPG の燃焼速度は比較的遅いため、WI-MCP 図で、混合ガスの燃焼性の範囲を確認する。製造テキスト P150

 製造　3-3　　増熱の計算

LNG が気化した天然ガスを LPG で増熱して 46MJ ／ m³_N の供給ガスを

1,000m^3_N製造する場合の天然ガスの使用量（m^3_N）として最も近い値はどれか。ただし、天然ガス及びLPG（ガス）の発熱量は以下のとおりとする。

m^3_N：標準状態におけるガスの状態

	発熱量（MJ／m^3_N）
天然ガス	40
LPG（ガス）	100

① 100 ② 420 ③ 630 ④ 900 ⑤ 950

解答解説 解答④

天然ガスの使用量をxとすると

$$40x + 100 \times (1000 - x) = 46 \times 1000$$

$$x = 900 \ (m^3_N)$$

類題 令和2年度乙種問4

製造テキストP148～149を参照

 製造 3-4 **熱量調整**

熱量調整方式についての説明で誤っているものはどれか。

① 熱量調整の方法には、ガス—ガス熱調、液—ガス熱調、液—液熱調の3つの方式がある。

② ガス—ガス熱調は、ガス状態で混合させる方式で、気化設備と高温熱源が必要で、ランニングコストが高いが、熱量調整範囲が広い方式である。

③ 液—ガス熱調は、LPGを用いて熱量調整する方式で、天然ガスの温度により運転範囲の制限を受けることがある。LPG気化器が必要で、

ランニングコストが高い。

④　液―液熱調は、LNG と LPG を液体のまま熱量調整する方式で、気化器が不要のため、ランニングコストが安く、熱量調整範囲も広く取れる。

⑤　液-液熱調は、−160℃の LNG に LPG を混合するため、LNG 以外の成分の凍結による閉塞対策が必要となる。

解答解説　　解答③

③　液-ガス熱調は、LPG 気化器が不要で、ランニングコストが低い。

類題 令和 2 年度乙種問 4

製造テキスト P152 〜 154 を参照

製造 **3-5　　ガスクロマトグラフ（1）**

ガスクロマトグラフによる熱量の測定に関する説明で誤っているものはいくつあるか。

a　ガスクロマトグラフとは、固定相（充填剤）に移動相と呼ばれるキャリアガスを流して、試料各成分の溶解性、吸着性の差によって成分物質を分離し、測定する装置である。

b　キャリアガスとは、試料成分を運ぶ不活性ガスで、高純度の酸素などが用いられる。

c　クロマトグラムのそれぞれのピーク面積を、同一条件下で得られる混合標準ガス又は純ガスのピーク面積を比較し、各成分を定量する。

d　移動速度は、各成分の固定相に対する溶解性、吸着性に左右され、これらの性質が強いほど移動速度が速い。

e　ガスクロマトグラフ法によって得られた成分組成と発熱量を用いて計算により試料ガスの発熱量を求める。

① 0 　　② 1 　　③ 2 　　④ 3 　　⑤ 4

解答解説　　解答③

b、dが誤り。

b　キャリアガスとは、試料成分を運ぶ不活性ガスで、高純度のヘリウ
ム、窒素、アルゴンなどが用いられる。

d　移動速度は、各成分の固定相に対する溶解性、吸着性に左右され、
これらの性質が強いほど移動速度が遅い。

製造テキスト P156 ～ 158 を参照

製造 **3-6　　ガスクロマトグラフ（2）**

ガスクロマトグラフの検出器に関する説明で誤っているものはいくつあ
るか。 *R1

a　TCD は、ホイートストンブリッジを構成する 4 個のフィラメントが
組み込まれ、カラムで分離された成分は熱伝導度が異なるため、これ
らが検出器に入った時に現れるブリッジの不平衡電圧を検出する。

b　FID は酸素過剰の水素炎中においてカラムで分離された有機化合物
成分が燃焼するときに電極間に流れる電流を検出する。

c　検出器が組成分析に必要な感度を有しているかどうかはプロパン、
ベンゼンなどの標準物質を用いて判定することができる。

d　FID は無機化合物、有機化合物いずれも検出でき、非常に高感度で
ある。

e　TCD は有機化合物にしか感度を示さず、FID より感度が低い。

① 0 　　　② 1 　　　③ 2 　　　④ 3 　　　⑤ 4

解答③

dとeが誤り。

d　FID は有機化合物にしか感度を示さないが非常に高感度である。

e　TCD は無機化合物、有機化合物いずれも検出できるが FID より感度
　　が低い。

製造テキスト P156 〜 158、163 を参照

*R1　ガス比重の測定には、ガスクロマトグラフ法によって得られた成分組成から
計算によって求める方法、ブンゼンーシリング法又は比重瓶法によって測定する方法
がある。製造テキスト P155

製造 3 - 7 　　　熱量調整と燃焼性、特殊成分の分析

熱量調整と燃焼性、特殊成分の分析に関する次の記述のうち、誤ってい
るものはどれか。

①　導管中でガス温度が露点域になると、LPG 等の液化によるガス発熱
　　量の減少、導管の閉そく等が発生するため、露点の管理が重要である。

②　ガスクロマトグラフは、気体試料の各成分のキャリアガスに対する
　　溶解性、吸着性の差によって成分物質を分離し、測定する装置である。

③　ガスクロマトグラフの水素炎イオン化検出器（FID）は、有機化合物
　　のほとんどを高感度に検出する。

④　ガス事業法では、天然ガスとプロパンを混合したガスや、プロパン
　　に空気を入れたガスは、特殊成分の検査を免除されている。

⑤　特殊成分の分析方法であるイオンクロマトグラフ法は、全硫黄やア
　　ンモニアの分析に使用できる。

解答解説　解答②

②　ガスクロマトグラフは、気体試料の各成分の固定相（充填剤）に対する移動相（キャリアガス）の溶解性、吸着性の差によって成分物質を分離し、測定する装置である。

類題　令和3年度乙種問4

製造テキスト P150、156 ～ 157、166 ～ 168 を参照

製造　**4－1　付臭剤の要件**

付臭剤の要件の説明のうち、誤っているものはどれか。 *1R2 *2R4

①　生活臭とは、明瞭に区別できる。

②　きわめて低い濃度でも特有の臭気が認められること。

③　人間に対し、害がなく、毒性もないこと。

④　土壌透過性が小さいこと。

⑤　完全に燃焼し、燃焼後は、無害無臭であること。

解答解説　解答④

④　付臭剤は、土壌透過性が大きいことが要件である。

ほかに要件として、嗅覚疲労を起こしにくい、安定性のよいもの、物性上取扱いが容易、安価で入手が容易、嗅覚以外の簡易検知法があること、が上げられる。

類題　令和2年度乙種問5

製造テキスト P169 を参照

*1R2　ガスの臭気濃度は、高すぎるとガス器具の点火や消火の際のわずかな未燃ガス等をガスの漏えいと誤認しやすくなる一方、低すぎると漏えいを検知しにくく

なることがある。製造テキストP170

*2R4 臭気濃度とは、試料ガスを無臭の空気で徐々に希釈し、感知できる最大の希釈倍数をいう。製造テキストP169

製造 4-2　　付臭剤の特徴（1）

代表的な付臭剤の特徴について、正しいものを選べ。

付臭剤	a	THT	b	シクロヘキセン
c	35.5%	36.4%	51.6%	0(ゼロ)
d	$1.1 \mu g / m^3$	$16.5 \mu g / m^3$	$16 \mu g / m^3$	$225.1 \mu g / m^3$
e	0.096%	0.85%	2.1%	0.10

① a　TBM　　b　DMS　　c　硫黄含有量　　d　閾値
　　e　水に対する溶解度

② a　TBM　　b　DMS　　c　閾値　　d　水に対する溶解度
　　e　硫黄含有量

③ a　TBM　　b　DMS　　c　水に対する溶解度　　d　閾値
　　e　硫黄含有量

④ a　DMS　　b　TBM　　c　硫黄含有量　　d　閾値
　　e　水に対する溶解度

⑤ a　DMS　　b　TBM　　c　水に対する溶解度　　d　閾値
　　e硫黄含有量

解答解説　　解答①

　4種類の付臭剤と硫黄含有量、閾値、水に対する溶解度の違いはよく理解のこと。

類題　平成28年度乙種問4、令和2年度乙種問5

製造テキスト P170 を参照

製造 4-3　付臭剤の特徴（2）

代表的な付臭剤の特徴について、誤っているのはどれか。

① TBM は、認知閾値が高く、温泉のようなにおいである。

② DMS は、青海苔のようなにおいを有する。

③ THT は、有機溶剤系のツンとしたにおいに近い。

④ シクロヘキセンは、硫黄含有量がゼロで、接着剤、有機溶剤（シンナー）のようなにおいである。

⑤ DMS は、比較的土壌透過性が高い。一般に他の付臭剤と混合して使用している。

解答解説　解答①

TBM は認知閾値が低く、温泉のようなにおいである。

製造テキスト P170 を参照

製造 4-4　　付臭設備

付臭設備に関する説明で誤っているものはどれか。　*1R3

① 付臭室はやや負圧で、換気のため吸引した空気は脱臭するなど外部に臭気が漏れないように万全な対策が必要である。

② ポンプ注入式は、ポンプなどによって付臭剤を直接ガス中に注入する方式で、規模の小さな設備に適している。

③ 滴下注入方式は、加圧または重力により、直接ガス中に滴下する方

式で、自動比例型と手動型がある。 ＊2R4

④ 蒸発式付臭設備のバイパス蒸発方式では、蒸発した付臭剤の混合比
率を一定に保つことは難しく、一般に混合付臭剤は適していない。

⑤ 液付臭式は、原料 LPG 液中に直接付臭剤を注入するもので、小規模
な LPG エア専用事業場で採用できる。＊3R2

解答解説　　解答②

② ポンプ注入式は、ポンプなどによって付臭剤を直接ガス中に注入す
る方式で、規模の大きな設備に適している。

[類題] 令和２年度乙種問５

製造テキスト P170 〜 174 を参照

＊1R3　付臭剤貯蔵タンクや注入装置等の付臭設備は、密閉した室内に設置するこ
とが望ましく、同室内はやや負圧にし、換気のために吸引した空気は活性炭で脱臭
し排出する。製造テキスト P170

＊2R4　滴下注入方式は、注入量の調整をニードル弁等によって行うが、手動式の
場合はその精度は低いため、流量変動の少ない小規模の付臭設備に多く用いられ
る。製造テキスト P172

＊3R2　付臭剤を注入する方式は、大別して液体注入方式、蒸発方式及び液付臭方
式の３種類があるが、液付臭方式では、製造するガス流量に応じた付臭剤注入量の
制御が不要である。製造テキスト P 171

製造　**4 - 5**　**付臭方式の特徴**

付臭方式の特徴に関する説明で（　　）内に当てはまるものはどれか。

付臭方式	(a)	(b)	(c)
適正な処理能力	小	小・中	中・大
混合付臭材の適否	不適	適	適
建設費	小	中	大
設置面積	中	中	大

	(a)	(b)	(c)
①	蒸発式	滴下注入式	ポンプ注入式
②	滴下注入式	蒸発式	ポンプ注入式
③	蒸発式	ポンプ注入式	滴下注入式
④	ポンプ注入式	滴下注入式	蒸発式
⑤	滴下注入式	ポンプ中注入式	蒸発式

解答解説　　解答①

蒸発式は混合付臭材は不適、ポンプ注入式は大規模設備に適する。

製造テキスト P171 を参照

製造 4-6　臭気濃度の測定

臭気濃度の測定について、誤っているものはどれか。

① 臭気濃度の測定方法には、人の嗅覚によりガスの臭気濃度を求める
パネル法と分析機器で濃度を測定し、換算式で臭気濃度を求める付臭
剤濃度測定法がある。 ＊1R1 ＊2R2

② パネル法には、臭気判定者 4 名以上のパネルにより、臭いの有無を
判定し、ガスの臭気濃度を求める方法で、この中には、オドロメータ
ー法、注射器法、におい袋法がある。

③ 付臭剤濃度測定法は、TBM、THT、DMS の有機硫黄化合物を含む付
臭剤を添加したガスに適用される。

④ FPD 付ガスクロマトグラフ法で測定できるのは、THT、TBM、DMS
等の有機化合物である。

⑤ 検知管法は、検知剤が充てんされた検知管に一定量の試験ガスを通
し、検知剤の変色長さから成分濃度を求める方法で、測定できる付臭

剤は、DMS である。

解答解説 解答⑤

⑤ 検知管法で測定できる付臭剤は、THT、TBM である。

製造テキスト P174 ～ 177 を参照

*1R1 臭気濃度の管理値は、パネル法では 1000 倍以上、付臭剤濃度測定法では 2000 倍以上である。製造テキスト P169

*2R2 パネル法による臭気濃度の測定において、4 人のパネルの感知希釈倍数が それぞれ 3000 倍、1500 倍、1500 倍、1500 倍であったとき、このガスの臭気希 釈倍数は、(3000 ＋ 1500 ＋ 1500 ＋ 1500)／4 ＝ 1800(切り捨てにより有効数 字 2 桁) 製造テキスト P175～176

製造 5 - 1   自動制御 (1)

自動制御の説明で誤っているものはどれか。

① 定値制御……操作対象を定められた目標値に近づけるような制御

② フィードバック制御……一つの調節計の目標値を他の調節計により 制御する方式

③ 比率制御……あるプロセス量とそれ以外のプロセス量をある一定の 比率に保つよう制御する方式

④ シーケンス制御……あらかじめ定められた順序に従って、制御の各 段階を逐次進めていく制御

⑤ PID 制御……比例動作 (P 動作)、積分動作 (I 動作)、微分動作 (D 動作) を組み合わせた制御動作

解答解説 解答②

②は追値制御 (カスケード制御とも言う) の説明。フィードバック制御 とは、制御対象のプロセス量を検知して目標値と比較し、ずれが生じてい

る場合は、目標値に一致させるように制御対象に対して修正動作を行う方式である。

製造テキスト P98 ～ 102 を参照

製造 5－2　　自動制御（2）

自動制御に関する説明で誤っているものの組合せはどれか。

a　フィードフォワード制御は、プロセスの変化量と操作量の関係が明らかでなくとも、制御遅れが起こらず、オーバーシュートなしで制御できる。

b　オンオフ制御の例として、排水ピットの排水制御では、頻繁に開閉が生じ、寿命上好ましくないため、動作すきまを持たせて制御することが多い。

c　フィードバック制御の例としては、給湯器の水量が変化することに対し、燃料調節弁を変化させて水温が一定になるように制御する。

d　P動作とは、目標値とプロセス値の偏差の大きさに比例する修正動作をするもので、この動作だけではオフセットが残る。

e　I動作とは、偏差を時間的に積分してこの値がゼロになるように修正動作をするもので敏速に偏差の動きに対応するものである。

①　a、b　　　②　a、d　　　③　a、e　　　④　b、e　　　⑤　d、e

解答解説　　解答③

a　フィードフォワード制御は、プロセスの変化量と操作量の関係が明らかであることが必要で、制御遅れが起こらず、オーバーシュートなしで制御できる。

e I動作とは、偏差を時間的に積分してこの値がゼロになるように修正動作をするものだが、過去の累積偏差に対して修正動作となり、敏速に制御動作ができない。これを解消するのはD動作である。

製造テキスト P99 ～ 102 を参照

製造 **5-3　制御システム（1）**

製造設備の制御システムに関する次の記述のうち、誤っているものはどれか。 *R2

① ガス製造設備の制御システムには、プラントの異常を検知してオペレーターに知らせるための「警報装置」や異常時に自動的に設備を緊急停止する等の「インターロック機構」の役割を持たせている。

② ガス製造設備の制御システムでは、システムへの不正アクセスによるトラブル等に伴うリスクを把握し、必要なセキュリティ対策を行う。

③ ＤＣＳ等のコンピュータによる制御システムでは、警報等の各種設定値の変更が容易に行える半面、制御ブロックの結合やシーケンス制御の構築において自由度は小さくなる。

④ ファイヤーウォールとは、コンピュータネットワークの接続点に設けて、通過させてはいけない通信を阻止する装置である。

⑤ 自動制御のうち、一つの調節計の目標値を他の調節計により制御する方式をカスケード制御という。

解答解説　　**解答③**

③ 制御ブロックの結合やシーケンス制御の構築においても自由度は高い。

類題 令和元年度乙種問3、令和2年度乙種問3

製造テキスト P103、106、102、107、98 を参照

*R2 　遠隔操作弁では、弁体の開閉操作をする可動部にリミットスイッチを取り付け電気信号により制御システムに開閉状態を伝えることができる。製造テキストP126

製造　5-4　　制御システム（2）

製造設備の制御システムに関する次の記述のうち、誤っているものはどれか。

① 　プラントの制御システムには、多種多様な制御機能が要求され、現在では、主にDCSやPLCなどのコンピュータによる制御システムが導入されている。

② 　ファイアウォール等の設置、不要なUSBポートやLANポートの閉そく、重要機器設置場所への錠や入退室管理装置の設置等、一旦セキュリティ対策を導入すれば、以降の対応は不要である。

③ 　セキュリティ対策で考慮すべき事項として、「情報の利用促進」と「セキュリティ確保」のバランス、「想定される損害」と「対策レベル」のバランスが挙げられる。

④ 　制御システムの信頼性を高める冗長化の方法として、CPUや電源ユニット、通信ネットワークの機能を対象に主機系と待機系を備える方法や、制御システム全体を二重化する方法がある。

⑤ 　制御システムの信頼性を高める方式の一つである電磁リレーによるシーケンス制御回路方式は、インターロック回路やトリップ回路等の重要な制御系統で利用されている。

解答解説　　解答②

② 　セキュリティ環境の変化に適切に対応するため、継続的な対応が求められる。

類題 令和3年度乙種問3
製造テキストP102、104 〜 106を参照

製造 5 – 5 流量計

流量計の特徴について、誤っているものはいくつあるか。

a 絞り式（ベンチュリ）は、構造が簡単で、大流量の測定ができるが、圧力損失が大きい。購入ガスの取引証明にも用いられる。

b 絞り式（オリフィス）は、圧力損失が小さいが高価。工水・上水の受け入れ計量に用いられる。

c 容積式（ルーツ）は、広範囲で高精度だが、ストレーナーが必要。大流量のガス測定に用いられる。

d 渦式（カルマン）は、レンジアビリティが大きく、可動部がない。ボイルオフガス流量の測定に用いられる。

e 超音波式は、圧力損失がなく、可動部もない。都市ガス流量の測定に用いられる。

① 0　　② 1　　③ 2　　④ 3　　⑤ 4

解答解説 解答③

aとbの内容が逆になっている。

a オリフィスは、構造が簡単で、大流量の測定ができるが、圧力損失が大きい。購入ガスの取引証明にも用いられる。

b ベンチュリは、圧力損失が小さいが高価。工水・上水の受け入れ計量に用いられる。

類題 令和2年度乙種問3

製造テキスト P111 ～ 113 を参照

第3章 ガス技術科目 製造分野

製造 5 - 6 **温度計**

温度計の説明で誤っているものはいくつあるか。

a 測温抵抗体は、金属の電気抵抗値が温度上昇によって増加する特性を利用する。熱電対と比較して常温・中温域での精度がよい。

b 熱電対は温度差による電流の変化を利用したもので、広い範囲、小さい箇所の温度の測定ができるが、基準接点が必要である。

c バイメタルは、膨張率の異なる金属を張り合わせてその収縮差による変形により温度を指示させる。現場型指示計で、価格が安いが精度も悪い。

d 圧力式は、感熱部に水銀、エーテルなどを封入し、温度による体積膨張を温度目盛を付けたブルドン管型圧力計に指示させる。精度は悪い。

① 0   ② 1   ③ 2   ④ 3   ⑤ 4

解答解説 解答①

全て正しい。bは、ゼーベック効果と言い、2本の異なる導体の両端に温度差を与えると、回路中に電流が流れる現象。

製造テキスト P108 ～ 109 を参照

次の計測機器の説明のうち、誤っているものはどれか。 ＊R2

① ブルドン管圧力計：一端が閉ざされた曲管に開放端を固定し圧力を
かけると曲管が広がる方向に変位が生じる。この変位を検出して圧力
を測定。

② タービン式流量計：管中に翼車を置き、流れによる翼車の回転数を
測定して流量を測定。

③ ユンカース圧力計：受圧部は、片端が密閉された円筒状で側面に数
個の蛇腹状のひだがついている。開放端を固定し、圧力をかけると反
対方向に伸びる変位が生じる。この変位を回転運動に変え、圧力を測
定。

④ レーザー式ガス漏えい検知：メタンは赤外線を吸収するため、赤外
線のレーザー反射を検知して、吸収された量を計算し、漏えいを検知。

⑤ ウルトラビジョン火炎検知器：燃焼炎から発生する紫外線を検出し、
火炎の有無を検知。

解答解説　　解答③

③ の正解は、ベローズである。ユンカースとは、自動ガス熱量計の名
称のこと。

製造テキスト P109 ～ 110、113、117、120 を参照

＊R2　ディスプレースメント式液面計は、測定範囲が広く、液密度の変化が測定
誤差となるが、精度は高い。製造テキスト P114

5-8　　無停電装置

　無停電電源設備（UPS）に関する次の記述について、（イ）〜（ホ）に当てはまる語句の組合せとして最も適切なものはどれか。

　UPS は、停電等によるシステムダウンを回避するために設置する電源設備である。UPS の原理は、（イ）入力を整流部で（ロ）に変換し、蓄電池に充電するとともに、インバータ部で（ハ）電圧、（ハ）周波数の（ニ）に変換後出力される。蓄電池には鉛蓄電池・アルカリ蓄電池等がある。UPS の構成機器のうち、蓄電池などを除いた部分を一般に（ホ）という。

	（イ）	（ロ）	（ハ）	（ニ）	（ホ）
①	交流	直流	可変	直流	可変電圧可変周波数装置（VVVF）
②	直流	交流	一定	直流	定電圧定周波数装置（CVCF）
③	交流	直流	可変	交流	定電圧定周波数装置（CVCF）
④	直流	交流	一定	直流	可変電圧可変周波数装置（VVVF）
⑤	交流	直流	一定	交流	定電圧定周波数装置（CVCF）

解答解説　　解答⑤

⑤　UPS は、交流入力→整流部（直流へ）→蓄電池・インバータ部（交流へ）→交流出力となる。

製造テキスト P133 を参照

 5-9　　電気設備

電気設備に関する次の記述のうち、誤っているものはどれか。

①　電気機器のケースなどと大地間を電気抵抗の小さい電線で電気的に接続することを「接地をする」という。

② 絶縁抵抗の上昇や絶縁物の損傷は、短絡や地絡事故につながり、さらには感電や火災などの原因となる。

③ 液化ガスを通ずる貯槽・配管などは、静電気除去のために確実な方法で接地をする。貯槽管理や受払作業を行う者の人体の静電気除去も必要である。

④ 防爆電気機器及び配線方法の選定は、危険場所の種類、対象とする可燃性ガスの爆発等級及び発火等の危険特性、点検及び保守の難易度等を考慮して決定する。

⑤ 耐圧防爆構造とは、可燃性のガスなどが容器の内部に侵入して爆発を生じた場合に、その容器が爆発圧力に耐え、かつ爆発による火災が外部の可燃性ガス等に点火しないようにしたものである。

解答解説　　**解答②**

② 絶縁抵抗の低下や絶縁物の損傷は、短絡や地絡事故につながり、さらには感電や火災などの原因となる。

類題 平成 29 年度乙種問 5

製造テキスト P136 〜 138 を参照

製造 **6－1**　　**耐震設計**

都市ガス製造設備の耐震設計に関する次の記述のうち、誤っているものはどれか。

① ガス設備の耐震設計を行う上で重要なことは、構造設計、安全設計、防災設計である。 ＊R1

② レベル 1 地震動に対する耐震性能評価においては、「弾性設計法」により、耐震上重要な部材に生じる応力が部材の有する許容応力を超

えないことを確認する。

③ レベル2地震動とは、供用期間中に発生する確率は低いが高レベルの地震動をいい、これに対応した耐震設計では、構造物の塑性変形能力を期待した設計法により評価する。

④ 構造物が設置される地盤についても、液状化・流動化を考慮した耐震設計を行うこととしている。

⑤ 平底円筒形の液体貯槽では、スロッシング（貯槽内の内部液体が周期0.1 ～ 2秒程度の地震動により共振する現象）に対する耐震設計が必要である。

解答解説　　解答⑤

⑤ スロッシングは、貯槽内の内部液体が、周期数秒から十数秒の長周期地震動により共振する現象である。一般的構造物の周期は、0.1 ～ 2秒程度。

製造テキストP207 ～ 208を参照

*R1　安全設計には、システムの多重化、フェイルセーフ等の考え方やプロセスラインのブロック化、保安距離等を考慮した配置計画等がある。製造テキストP207

製造 **6 - 2** **設備の劣化（1）**

設備の劣化に関する次の記述のうち、誤っているものはどれか。

① 炭素鋼が銅やステンレス鋼と海水中で接触すると、炭素鋼の腐食が促進する。このような現象を異種金属接触腐食という。

② ステンレス鋼等、不動態皮膜を持つ金属が非金属物質と面を接していたり、異物が付着している状況において、接触面や異物との間にできるすきま部分が腐食する現象をすきま腐食という。

③ 引張応力下にある金属に腐食作用が働いて、破断応力以下でもあるにもかかわらず割れが生じる現象を応力腐食割れという。

④ 部材に形状的な不連続や切り欠きが存在し応力集中が高くなるほど疲労強度は低下する。

⑤ 部材の疲労強度は、浸炭、焼入れ、圧延等の材料表面処理により低下する。

解答解説 解答⑤

⑤ 部材の疲労強度は、浸炭、焼入れ、圧延等の材料表面処理により増加する。

浸炭：金属の加工で炭素を添加する処理、素材硬化の準備作業。

焼入れ：金属を高温から急冷する熱処理のこと。材料の強度を増加させる。

製造テキスト P245、247 ～ 249、252 を参照

製造 6-3 設備の劣化（2）

設備の劣化に関する次の記述のうち、誤っているものはどれか。

① LPG 中に H_2S 等の硫黄化合物が含まれていないことが求められる。これは、LPG 貯蔵タンクの材料として高張力鋼が使用されている場合が多いが、溶着金属部、熱影響部等に粒界腐食が発生する可能性があるためである。

② 腐食疲労とは、繰り返し応力発生下にある金属に腐食作用が働いて、疲労限度以下の応力条件にもかかわらず、亀裂が生じる現象をいう。

③ 溶接部において溶融金属が冷却される際に収縮することにより、引っ張りの残留応力が生じる。

④　材料表面層の残留応力は引っ張りの場合は疲労強度の低下、圧縮の
　　場合は上昇の方向へ作用する。

解答解説　　**解答①**

①　LPG 中に H$_2$S 等の硫黄化合物が含まれていないことが求められる。
　　これは、LPG 貯蔵タンクの材料として高張力鋼が使用されている場合
　　が多いが、溶着金属部、熱影響部等に応力腐食割れが発生する可能性
　　があるためである。粒界腐食とは、金属や合金の粒界又は粒界に沿っ
　　た狭い部分が優先的に腐食する現象。

類題　令和元年度乙種問 8、2 年度乙種問 1、問 8
製造テキスト P24、247 ～ 249、252 を参照

6－4　　設備の劣化（3）

設備設備の保全に関する次の記述のうち、いずれも誤っているものの組
合せはどれか。

a　異種金属接触腐食は、電位の異なる金属間に腐食電池が形成され、
　　電位が卑な方の金属がアノード、貴な方の金属がカソードとなり、前
　　者の腐食が進行する。

b　ステンレス鋼のすきま腐食の原因として、スキマ内に塩化物イオン
　　で蓄積するとともに、pH が低下して不動態が形成され、スキマの
　　外の部分との間に腐食電池を形成することが上げられる。

c　ポンプのインペラのように、材料と流動する溶液の界面で気泡の発
　　生と破壊を繰り返す結果生ずる孔食状の腐食は、キャビテーションエ
　　ロージョンと呼ばれる。

d　部材に形状的な不連続や切り欠きが存在しても応力集中が高くなる

ほど、疲労強度は増加する。

e　浸透探傷試験は、金属、非金属のあらゆる材料の表面欠陥を検出することができる。

①a，c　　　②a，e　　　③b，d　　　④c，d　　　⑤c，e

解答解説　解答③

b　ステンレス鋼のすきま腐食の原因として、スキマ内に塩化物イオンで蓄積するととともに、ｐＨが低下して不動態が破壊され、スキマの外の部分との間に腐食電池を形成することが上げられる。

d　部材に形状的な不連続や切り欠きが存在しても応力集中が高くなるほど、早期に破壊する。

類題　令和3年度乙種問8

製造テキストP245、247、249、259を参照

製造　6−5　　非破壊試験

非破壊試験の説明のうち、誤っているものは、次のうちどれか。　*R4

①　放射線透過試験：欠陥の形状は、フィルム上に投影された像として見えているため、わかりやすく、信頼されやすい。

②　超音波探傷試験：われのような平面欠陥の検出に適している。他の方法ではできないような厚さも検査できる。

③　浸透探傷試験：表面付近の欠陥の発見方法は、放射線や超音波に比べて、非常に簡便。ただし、表面から数mm以上の内部欠陥は検知できない。強磁性体以外には使用できない。

④　渦流探傷試験：電磁誘導試験で、能率の良い試験が可能である。表

面から深い場所にある欠陥の検出が困難である。

解答解説　　解答③

③は、磁粉探傷試験の記述である。浸透探傷試験は、金属、非金属あらゆる材料の表面欠陥を調べることができ、検査費用も比較的安い。

製造テキスト P256 ～ 259 を参照

*R4　ガス主任技術者は、保安上重要なガス工作物を溶接する場合、溶接施工記録に問題ないことを確認しなければならない。製造テキスト P220

製造 **6 - 6　　設備保全**

設備保全に関する次の記述のうち、誤っているものはどれか。

① 時間計画保全（TBM）は、年に 1 回など定期的に行う定期保全と予定の累積運転時間に達した時に行う経時保全がある。

② 保全予防（MP）は、温度や振動値など、故障を予知できるデータがある値に達したら保全を行うものである。

③ 事後保全（BM）は、故障が起こったら保全を行うもので、故障しても影響の少ない設備等に適用する。

④ 改良保全（CM）は、設備の信頼性、保全性、経済性、操作性、安全性等の向上を目的として、設備の材質や形状を改良する保全方式である。

⑤ リスクベース保全（RBM）は、高経年化した設備等の各部位に対する保全の重要度、緊急度を、損傷事例や寿命評価理論を元に評価し、リスク＝発生した場合の影響度×発生確率で表して優先度をつける保全方式である。

　説明文は、MP ではなく、状態監視保全（CBM）である。MP とは、新設備の建設段階に遡り、信頼性、保全性、経済性、操作性、安全性等を考慮した設計を行い、保全費用、劣化損失を積極的に防止しようとする保全方式である。

　[類題]　平成 29 年度乙種問 6

　製造テキスト P239 ～ 241 を参照

（製造）**7 - 1　　生産計画**

　ガス生産計画・稼働計画策定フローについて、空欄に入る事項を選べ。

　最初に、過去のガス需要実績を参考にして、年間、月間、日間（a）を予測する。次に（b）を加味して、生産すべきガス量を算出し、（c）を決める。そして、（c）を満たすべく、（d）を策定する。

　①　a 需要パターン　　b ホルダー計画　　　c 設備稼働計画　d 生産計画

　②　a 需要パターン　　b ホルダー計画　　　c 生産計画　　　d 設備稼働計画

　③　a 設備稼働計画　　b 需要パターン　　　c ホルダー計画　d 設備稼働計画

　④　a 設備稼働計画　　b 需要パターン　　　c 生産計画　　　d 設備稼働計画

解答解説　解答②

　まず、最初に、過去のガス需要実績を参考にして、年間、月間、日間 a（需要パターン）を予測する。

　次に b（ホルダー計画）を加味して、生産すべきガス量を算出し、c（生産計画）を決める。

　そして、c（生産計画）を満たすべく、d（設備稼働計画）を策定する。

　製造テキスト P224、227 を参照

7-2　製造設備の操業（1）

操業に関する次の記述のうち、誤っているものはどれか。 *1R2 *2R2

①　個別設備の稼動調整方式のひとつである流量制御方式は、設備の負荷を一定に保つことができ、急激な需要変動に常に追従できる制御方式である。

②　ガス製造能力に関係する設備の定期修理計画立案に当たっては、ガス生産計画や工場設備の稼動計画をもとにして、ピーク時における最大必要能力を確保する必要がある。

③　LNG サテライト基地での原料受払い計画は、BOG 処理量や処理方法が限定されていることが多いため、特に注意が必要である。

④　製造設備を安全かつ円滑に運転するため、あらかじめ運転管理基準、運転作業要領等を作成し、それに従って教育・訓練を実施する。

⑤　製造設備を正常に維持するため、維持管理基準等を作成し、それに従って製造設備の管理を行う。

解答解説　　**解答①**

①　流量制御方式は、設備から流出するガスなどの流量を一定に保つ制御方式で、設備負荷を一定に保つことができるが、急激な需要変動に追従できない可能性がある。圧力制御方式は、圧力を一定に保つ制御方式で、需要変動に応じて供給量を自動的に調整できるが、設備負荷が頻繁に変動する。

類題 平成 29 年度乙種問 7

製造テキスト P227 ～ 231 を参照

*1R2　ボイルオフガス（BOG）を送出ガスに混入する場合には、熱量調整用 LPG の混入量増加等、送出ガスの品質管理に留意する必要がある。製造テキスト P225
*2R2　LNG 貯槽内のロールオーバー現象の発生を防止するため、貯槽内 LNG の高さ方向の密度分布を監視することが必要である。製造テキスト P12

第3章　ガス技術科目　製造分野

操業に関する次の記述のうち、（　）の中のa～eに当てはまる語句の組合せで最も適切なものはどれか。

製造設備を安全かつ円滑に運転するため、（a）に基づき作成した運転管理基準等に従って適切な管理を行う必要があるが、この運転管理基準は、（b）、教育、巡視・点検、（c）、緊急時の措置等を定めている。*1R2　*2R4

また、運転管理基準等については、製造所ごとに設備構成や（b）が異なる事から、それぞれの特徴を十分踏まえた内容とし、（d）に対応したものにする必要がある。

	a	b	c	d
①	維持管理基準	稼動計画	運転操作	定期修理計画
②	保安規程	管理体制	修理・清掃	変更や増設
③	保安規程	稼動計画	修理・清掃	定期修理計画
④	保安規程	管理体制	運転操作	変更や増設
⑤	維持管理基準	管理体制	修理・清掃	定期修理計画

解答解説　　解答④

都市ガス工業概要（製造編）日常の運転管理についてからの出題である。

[類題]　平成28年度乙種問7

製造テキストP230を参照

*1R2　製造設備の巡視・点検は、保安規程に定める内容を満足するほか、現場にて主として目視等の五感により、運転状況、外面からの損傷、漏えい、汚れ、振動、異音及び取り付け状況等を点検する。製造テキストP230

*2R4　製造設備に係る巡視・点検の結果は、必ず後に確認できる状態で記録しておく。製造テキストP230

製造 **7-4** 製造設備の巡視・点検

　都市ガス製造設備の巡視・点検に関する次の記述について、（　）の中の（a）〜（e）にあてはまる語句の組合せとして最も適切なものはどれか。

　製造設備は、これらの設備を正常に維持するため、（a）等を作成し、それに従って製造設備の管理を行う。製造設備に係る巡視・点検周期やその方法は、（b）に定める内容を満足するほか、設備の運転状態を表す監視項目や点検内容も考慮し、製造所の（c）に合わせ決定する。

　設備に異常を発見した場合は応急措置を施すとともに、速やかに（d）に努めなければならないが、万が一、復旧に時間を要する場合は、製造設備の（e）などを行って、ガスの供給に影響を及ぼさないようにする。

	a	b	c	d	e
①	維持管理基準	保安規程	操業実態	機能回復	稼動調整
②	維持管理基準	保安規程	修理履歴	運転停止	復旧措置
③	維持管理基準	技術基準	修理履歴	機能回復	復旧措置
④	運転管理基準	保安規程	修理履歴	運転停止	稼動調整
⑤	運転管理基準	技術基準	操業実態	機能回復	復旧措置

解答解説　　解答①

　製造テキストの穴埋め問題で、国語力も必要になる。

　類題　平成30年度乙種問7

　製造テキストP230を参照

 製造 **8-1** 設備レイアウト

ガス工作物設置の際のレイアウト検討で、誤っているものはどれか。

① 離隔距離：ガス発生設備等の最高使用圧力や能力毎に事業場の境界までの距離を検討すれば、法令は満足する。

② 保安区画：災害の発生・拡大防止のため一定面積以下、保安区画内の燃焼熱量の合計が一定以下、隣接するガス工作物との最低距離を検討すればよい。

③ 火気設備との距離：ボイラーなど火気を取扱う設備までの最低距離を検討すればよい。

④ 貯槽・ホルダーまでの距離：貯槽形式や直径に応じて最低限の距離を検討すればよい。

⑤ 防液堤内外の設置設備の制限：防液堤の内側に設置できるものは、貯槽に係る送液設備など制限がある。

解答解説 解答①

① 離隔距離は、ガス発生設備等の最高使用圧力や能力毎に事業場の境界までの距離を検討するとともに、学校など保安物件までの最低距離を検討しないといけない。

離隔距離……事業場の境界までの最低距離、保安物件までの最低距離

保安区画……一定面積以下、燃焼熱量の合計制限、隣接工作物までの最低距離

火気設備・貯槽・ホルダーまでの距離……最低距離

防液堤内……設備制限

製造テキスト P183 を参照

製造 **8－2** **製造所の保安設備（1）**

ガス製造所における保安設備に関する次の記述のうち、誤っているもの

はどれか。

① ガス工作物のガス又は液化ガスを通ずる部分には、不活性ガス等で置換できるようノズル等を設ける。

② 電気設備を可燃性ガスを通ずる設備やその付近に設置する場合は、その設置場所に応じた防爆性能を有するものでなければならない。

③ 可燃性ガスを通ずる塔槽類には避雷設備を設ける。 *R2

④ 可燃性のガス又は液化ガスを通ずるガス工作物について、ボイラー等の火気を取扱う設備までの最低必要な距離が定められている。

⑤ 高圧のもの若しくは中圧のもの又は液化ガスを通ずる製造設備で過圧が生ずるおそれのあるものには、爆発戸、破裂板、水封器等を設ける。

解答解説　解答⑤

高圧のもの若しくは中圧のもの又は液化ガスを通ずる製造設備で過圧が生ずるおそれのあるものには、その圧力を逃がすために適切な安全弁を設けることになっている。

製造テキスト P183 〜 184、186 を参照

*R2　外部雷保護システムは、雷撃によって生ずる火災、設備破損又は人畜への損傷を防止することを目的とするもので、受雷部システム、引き下げ導線システム及び接地システム等から構成される。製造テキスト P138

製造 8 – 3 　製造所の保安設備（2）

製造所における保安設備に関する次の記述のうち、誤っているものはいくつあるか。

a 全てのガス工作物に対し、最高使用圧力や能力毎に、事業場の境界までの距離、あるいは学校等の保安物件までの最低限必要な距離が法

令で定められている。

b 可燃性ガスを燃焼放散させるための燃焼塔であるフレアースタックには、パイロットバーナーや逆火防止装置等が必要である。

c 圧力上昇防止装置としては、逆止弁、圧力又は温度を検出して自動的に遮断する装置等がある。

d ガスホルダーや液化ガス用貯槽に取り付けた配管等には、緊急時に遠隔で操作できる緊急遮断弁を設けなければならない。

e ガス工作物の操作を安全かつ確実に行うための必要な照度の確保として、誤操作のおそれがなければ、携帯用照明具でも構わない。

① a、c   ② a、d   ③ b、c   ④ b、e   ⑤ d、e

解答解説   解答①

a 全てのガス工作物ではなく、ガス発生器、ガスホルダーなど一定のガス工作物が正しい。

c 圧力上昇防止装置ではなく、逆流防止装置が正しい。

製造テキストP183 ～ 186を参照

製造 8-4   製造所の停電対策

製造所における停電対策に関する次の記述のうち、誤っているものはどれか。

① 買電のみで保安電力を確保するためには、常用線とは系統の異なる予備回線又はそれに相当するもの等保安電力として措置されたものが必要である。

② 非常用発電設備の定格容量は、負荷の積み上げ合計値よりも十分大

きいものが必要になる。

③　BOG 圧縮機の停止時間が長くなると LNG 貯槽の内部圧力が上昇するため、内部圧力の監視を強化し、必要に応じて放散処理設備による降圧の準備等を行う。

④　停電が発生した場合、買電で稼働していたガス製造設備が安全側に移行、停止していること及び保安電源等が正常に作動していることを確認する必要がある。

⑤　保安電力は、買電（保安電力として措置されたものに限る）又は自家発電によるものとし、蓄電池を用いてはならない。

解答解説　**解答⑤**

⑤　保安電力は、買電、自家発電、蓄電池等による電力又は電力以外の電力源から選定する。

類題　令和 2 年度乙種問 6

製造テキスト P132 ～ 133、194 を参照

製造　**8 - 5　台風対策・停電対策**
_____

　製造所における台風対策・停電対策に関する次の記述のうち、誤っているものの組合せはどれか。

a　台風接近時には徐々に気圧が低下し、相対的に LNG 貯槽の圧力が低下するため、事前に貯槽圧力を調整しておく。

b　台風接近通過時には LNG ローリー車の出荷作業や輸送が困難となる場合があるため、事前に出荷先と調整し、運行計画の見直しを行う。

c　停電復旧後にガス送出を再開するときは、熱量が規定の範囲になるよう、十分な注意が必要である。

d　保安上重要な設備には、ガス事業法に基づき、保安電力、保安用計
　装圧縮空気又は電力以外の動力源等を備えておく。

e　BOG 圧縮機が長時間停止していると、LNG 貯槽の内部圧力が低下す
　るため、必要に応じて昇圧の準備等を行う。

① a、c　　　② a、e　　　③ b、c　　　④ b、e　　　⑤ d、e

解答解説　　**解答②**

a　台風接近時には徐々に気圧が低下し、相対的に LNG 貯槽の圧力が上
　昇するため、事前に貯槽圧力を下げておく。

e　BOG 圧縮機が長時間停止していると、LNG 貯槽の内部圧力が上昇す
　るため、必要に応じて放散処理設備による降圧の準備等を行う。

類題　平成 27 年度乙種問 8、29 年度乙種問 8

製造テキスト P194 ～ 197 を参照

製造　**8-6　製造所の地震対策**

　製造所の地震対策に関する次の記述のうち、いずれも誤っているものの
組み合わせはどれか。

a　ガス事業における地震対策は、①設備対策、②緊急対策、③復旧対
　策で構成される。

b　設備対策は、設備の重要度に応じた耐震設計を行い、耐震性能の維
　持を図るための定期的な維持管理を行うことが基本である。

c　緊急対策は、地震発生時の設備の緊急停止を防止し、ガス送出を継
　続することが基本である。

d　地震発生直後の設備点検では、まずは、個別の設備ごとに詳細な点

検を実施する。

e 復旧対策において、原料・燃料や水等のユーティリティは平常時より備蓄を確保するとともに、その調達ルートをあらかじめ確立しておくことが望ましい。

① a、b ② a、e ③ b、c ④ c、d ⑤ d、e

解答解説 解答④

c 緊急対策は、地震発生時の二次災害を防止し、保安を確保することが基本である。

d 地震発生直後の設備点検では、まずは、製造所全体の被害状況を速やかに把握し、被害がある場合は早急に処置を取ることが重要である。

類題 令和4年度乙種問6

製造テキスト P187、189、192 を参照

製造 9-1　大気汚染

大気汚染の防止に関する説明で、誤っているものはどれか。 *1R2 *3R3

① 燃焼に伴い発生する NO_X には、燃料中に含まれる各種窒素化合物の燃焼により生成する、$ThermalNO_X$ と、空気中の窒素が燃焼による高温状態で酸化されて生成する $FuelNO_X$ がある。

② 燃料転換による NO_X の抑制は、窒素化合物を全く含まない都市ガスなどを燃料として $FuelNO_X$ の発生を避けるものである。 *2R3

③ NO_X の抑制には、局部的に高温にならないように、二段燃焼、排ガス再循環、濃淡燃焼等の方法がある。

④　NOx の抑制策として、自己ガス再循環形等の低 NOx バーナー使用に
よる方法がある。

⑤　排煙脱硝法には、アンモニア等を用いて NOx を窒素に還元する乾式
法がある。

解答解説　　解答①

①　燃焼に伴い発生する NOx には、燃料中に含まれる各種窒素化合物の
燃焼により生成する FuelNOx と、空気中の窒素が燃焼による高温状態
で酸化されて生成する ThermalNOx がある。

製造テキスト P263 ～ 265 を参照

*1R2　都市ガスの燃料の場合は、燃焼管理を十分に行うことで、ばいじんの発生
を大きく抑制することができる。製造テキスト P263

*2R3　LNG、LPG は硫黄分や窒素分等をほとんど含まず、都市ガスの製造段階にお
いて大気環境に負荷を与える SOX,NOX の発生はほとんどない。製造テキスト P262

*3R3　メタンを主成分とする天然ガスは、石油や石炭に比べ、分子中の水素原子
の割合が大きいため、燃焼時の二酸化炭素排出量が最も少ない化石燃料である。製
造テキスト P278

製造 9 - 2　　**水質汚濁**

水質汚濁の防止に関する説明で、正しいものはどれか。

①　多くの水中生物、農作物にとって望ましい pH は、7.0 ～ 9.8 であ
り、我が国の排水基準もこの値を採用している。

②　SS とは、水中に浮遊または懸濁している直径 2mm 以下の粒子状物
質のことで、懸濁物質を含む排水から浮遊物質を分離する操作には、
沈降、浮上、ろ過、遠心分離などの装置が使用される。

③　BOD は、水中の有機物を酸化剤で分解する際に消費される酸化剤の
量を酸素量に換算したもので、海水や湖沼の水質の有機物による汚濁

状況を測る代表的な指標である。 *R2

④ COD は、水中の有機物が微生物の働きによって分解されるときに消費される酸素の量のことで、河川の有機汚濁を測る代表的な指標である。

⑤ 水素イオン濃度指数（pH）は、純水で 7 付近であり、pH が 7 よりも大きければ酸性、逆に 7 よりも小さければアルカリ性である。

解答解説 解答②

① 多くの水中生物、農作物にとって望ましい pH は、5.8 ～ 8.6 であり、我が国の排水基準もこの値を採用している。

③ BOD は、水中の有機物が微生物の働きによって分解されるときに消費される酸素の量のことで、河川の有機汚濁を測る代表的な指標である。

④ COD は、水中の有機物を酸化剤で分解する際に消費される酸化剤の量を酸素量に換算したもので、海水や湖沼水質の有機物による汚濁状況を測る代表的な指標である。

⑤ pH が 7 よりも大きければアルカリ性、逆に 7 よりも小さければ酸性である。

製造テキスト P265 ～ 267 を参照

*R2 有機物質を含む生物化学的酸素要求量（BOD）の高い排水の処理には、バクテリア等微生物の力を利用する生物処理方法がある。製造テキスト P266

製造 9－3 省エネルギー

省エネルギーに関する次の記述のうち誤っているものはどれか。

① 燃焼管理の例として低過剰空気燃焼による燃料の節減がある。低過剰空気に適したバーナーを用いて、空気比を制御することで熱損失を

低減できる。

② 電気エネルギー管理では、力率を 1 に近づけることが省エネルギー効果を上げるポイントである。

③ 電気事業法では、工場等でエネルギーを使用して事業を営む者は、エネルギー使用の合理化に努めるとともに、電気の需要の平準化に資する措置を講ずることとされている。 *1R3

④ 冷熱発電システムは、LNG 冷熱の持つ有効エネルギーを電力に変換し有効利用するものである。 *2R3

⑤ ガス製造設備の定格運転時の最高エネルギー効率は 90% を超えている。

解答解説　　解答③

③ 省エネ法では、工場等でエネルギーを使用して事業を営む者は、エネルギー使用の合理化に努めるとともに、電気の需要の平準化に資する措置を講ずることとされている。

製造テキスト P269 ～ 273、277 を参照

*1R3　調節弁による流量制御方式は、設備投資が安価であるが、流量を絞った場合に調節弁での動力損失が大きくなる。製造テキスト P272

*2R3　一般に Ｌ Ｎ Ｇ 冷熱の 40 ～ 50％ は、ガス送出圧力エネルギーとして回収しており、残りの未利用の冷熱エネルギーの利用が工夫されている。製造テキスト273

製造 9−4　　**環境対策（1）**

環境対策に関する説明で誤っているものはどれか。 *R1

① 環境マネジメントシステム（EMS）の代表的な国際規格であるISO14001 では、各部門は PDCA サイクルを回し、トップマネジメン

トによる EMS のレビュー（見直し、総括）が必要である。

② LNG の冷熱は、冷熱発電、空気液化分離、液化炭酸、ドライアイス製造及び冷凍倉庫等の分野で利用されている。

③ 燃焼時の過剰空気率が上昇すると排ガス顕熱による熱損失が減少し、燃料原単位が下がる。

④ 付臭剤による悪臭の拡散防止として、付臭設備を建物内に設置すること、換気ブロアなどで室内を陰圧にし、室内から臭いの漏えいを防止する等設備面での対策が行われる。

⑤ 熱利用設備のボイラー等は、保温の実施、蒸気漏れの防止、蒸気トラップの整備等の適切な維持管理が熱エネルギー管理上重要である。

解答解説 解答③

③ 燃焼時の過剰空気率が上昇すると排ガス顕熱による熱損失が増加し、燃料原単位が上がる。

類題 平成 27 年度乙種問 9、28 年度乙種問 9

製造テキスト P170、269 ～ 270、273 ～ 276、284 を参照

*R1 化石燃料からの温室効果ガス排出量については、燃焼時だけでなく、採掘から加工・輸送等の各段階の排出量を含めたライフサイクルでの評価が重要である。製造テキスト P278

製造 9-5 環境対策（2）

環境対策に関する次の記述のうち、いずれも誤っているものの組み合わせはどれか。

a 窒素酸化物は（ノックス）NO_X といい、燃料中に含まれる各種窒素酸化物の燃焼により生成するものと、空気中の窒素が燃焼による高温状態で酸化されて生成するものとがあり、前者をサーマル NO_X という。

b　ばいじんとは、燃料等の燃焼に際して発生する、灰分又はすす等の固定物のことをいい、燃焼温度、空気比の適正な管理等の燃焼管理を強化することにより発生量を減少させることができる。

c　都市ガス事業者にとって、環境問題への対応は、企業の社会的責任（CSR）として大きな柱になってきている。

d　交流回路における電力（W）は、電圧（V）×電流（A）×力率で示され、力率が1に近いほど損失が少ない。

e　廃棄物の処理及び清掃に関する法律に定義された産業廃棄物に該当しない廃棄物は、すべて特別管理産業廃棄物である。

①　a、b　　②　a、e　　③　b、c　　④　c、d　　⑤　d、e

解答解説　　解答②

a　前者をフューエルNOX、後者をサーマルNOXという。

e　法律に定義された産業廃棄物に該当しない廃棄物は、一般廃棄物となる。

類題 令和4年度乙種問9

製造テキストP263、262、269、181を参照

製造 **9-6** **安全性評価手法**

安全性評価手法の名称と内容の組合せで、正しいものはどれか。

a　事故の発端となる事象を見い出し、これを出発点として事故が拡大して行く過程を防災活動の有無などで枝分かれ式に展開し解析

b　故障の発生等の頂上事象を設定し、発生原因を掘り下げ、原因と結果をツリー状に表現する。

c　発生危険度と影響度の軸でマトリクスにより評価する手法

d　所定の状態であるプロセスが正常範囲から逸脱することを想定し、ずれの原因となる危険源の特定、プロセスプラントへの影響度を評価し、安全対策と妥当性等を評価。

e　原因から結果までのリスクの経路を記述し、分析する簡易な図式方法。

	a	b	c	d	e
①	ＥＴＡ	ＦＴＡ	リスクマトリクス	蝶ネクタイ分析	HAZOP
②	ＦＴＡ	ＥＴＡ	リスクマトリクス	蝶ネクタイ分析	HAZOP
③	ＥＴＡ	ＦＴＡ	リスクマトリクス	HAZOP	蝶ネクタイ分析
④	ＦＴＡ	ＥＴＡ	蝶ネクタイ分析	リスクマトリスク	HAZOP
⑤	ＥＴＡ	ＦＴＡ	HAZOP	蝶ネクタイ分	リスクマトリクス

解答解説　解答③

製造テキストＰ 286 〜 291 を参照

ガス技術科目　供給分野

 1 - 1　　供給計画

都市ガスの供給方式と供給計画について、誤っているものはいくつあるか。

a　発電所など、より高い圧力を必要とするガス消費機器に対応して、高圧で直接供給する方式を高圧ストレート供給という。

b　供給方式の比較検討に当たっては、長期的供給見通しに基づいて供給方式を検討し、それらについて、導管、整圧器、ガスホルダー、土地等の建設費と、維持管理費等の合計が最小となるものを採用する。

c　供給計画に用いる需要予測は、ガス販売量の実績から求める方法、1戸当たりピーク時平均消費量から推定する方法、ガス機器消費量から同時使用率を利用して求める方法などがある。

d　同時使用率とはある区域内のピーク時ガス消費量と、その区域内全需要家のガス器具消費量の総和との比である。

e　供給改善計画とは、中低圧導管の圧力保持、圧力改善のため、既設導管の大口径管への入替、導管連絡によるループ化、整圧器の設置等を検討し、最も効果的な方法を選択する。

　　　① 0　　　② 1　　　③ 2　　　④ 3　　　⑤ 4

解答解説　解答①

全て正しい。

日本ガス協会都市ガス工業概要供給編（以下、供給テキスト）P4～8を
参照

（供給）**1－2　ガスホルダーの機能**

ガスホルダーの一般的機能について、最も不適切なものはどれか。

①　ガス需要の時間的変動に対して、製造が順応しないガス量を補給し、
　供給を確保する。

②　ガスホルダーを需要地近くに設置することにより、ピーク時に工場
　から需要地に至る導管の輸送能力以上に供給能力を高める。

③　ガス需要の季節的変動に対して、製造が順応しないガス量を補給し、
　供給を確保する。

④　停電、導管工事など製造供給設備の一時的支障に対して供給の安全
　性を確保する。

解答解説　解答③

③　ガスホルダーは、一般的には、時間的変動に対して対応し、季節的
　変動には対応しない。季節的変動に対応するのは、LNG貯槽になる。

供給テキストP8～11を参照

（供給）**1－3　流量公式**

管内を流れる流量は、導管口径、導管延長、ガス流量、起点と末端のガ

ス圧力差、ガス比重、流量係数、重力加速度から求める。低圧導管のポールの公式についての説明で、誤っているものはいくつあるか。

a　ポールの公式で流量は、圧力差の平方根に比例する。

b　ポールの公式で流量は、口径の 5 乗に比例する。

c　ポールの公式で流量は、ガス比重の平方根に反比例する。

d　ポールの公式で流量は、延長の平方根に反比例する。

e　低圧導管において、起点圧力が 1kPa 上昇したとき末端圧力も 1kPa 上昇した。この場合管内の流量は増加する。

①　0　　　②　1　　　③　2　　　④　3　　　⑤　4

解答解説　　解答③

b と e が誤り。

b　ポールの公式における変数の関係は、

流量＝$\sqrt{（（圧力差×口径 5 乗）／（ガス比重×延長））}$

で表される。従って、流量は、圧力差の平方根に比例、口径の 5 乗の平方根に比例、ガス比重の平方根に反比例、延長の平方根に反比例する。

e　流量は$\sqrt{（圧力差）}$に比例する。$\Delta P = P_1 - P_2$ で、P_1、P_2とも同じだけ上昇するため、流量は増加しない。

供給テキスト P11 〜 14 を参照

供給　**1 - 4　　送出圧力の計算（1）**

B 点にガスを 150m^3 ／ h 供給している低圧導管 AB（口径 15cm、延長 300m）がある。このとき、A 点の圧力 P_A は 1.6kPa、B 点の圧力 P_B は 1.5kPa であった（図 1）。

図1

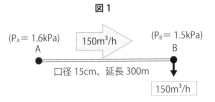

今、B点から口径15cmの導管をさらに300m延長して、C点にも150m³／hを供給することになった（図2）。C点の圧力 P_C を1.5kPaにしたときの、A点の圧力 P_A（kPa）の値としてを最も近いものを選べ。なお、AB間、BC間とも高低差は考慮しないものとする。

図2

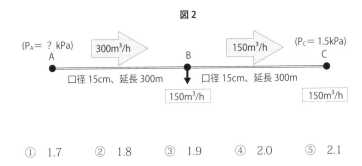

① 1.7 　　② 1.8 　　③ 1.9 　　④ 2.0 　　⑤ 2.1

解答解説　　解答④

　図1と図2のA−B間は、ガス比重、口径、延長は等しいから、関係式は、流量Qと圧力差 ΔP だけになる。図1をQ1、図2のA−B間をQ2とすると、その関係は、

　　　$Q1 ／ Q2 = \sqrt{\Delta P1} ／ \sqrt{\Delta P2}$ となる。

　数字を代入すると

　　　$150 ／ 300 = \sqrt{0.1} ／ \sqrt{\Delta P2}$

　　　$\sqrt{\Delta P2} = (\sqrt{0.1}) \times 2$

$\Delta P2 = 0.4$

図2のB−C間は、図1と同じだからB点の圧力は、

$P_B = 1.6kPa$

従ってA点の圧力は、

$P_B + \Delta P2 = 1.6 + 0.4 = 2.0kPa$

類題 平成29年度乙種問10、令和元年度乙種問10、令和2年度乙種各問10
供給テキストP11 ～ 15を参照

供給 1−5　　送出圧力の計算（2）

　図1のように、A点からB点にガスを200m³/h供給している低圧導管
AB（口径200mm、延長200m）がある。このとき、A点の圧力P_Aは、
2.3kPa、B点の圧力P_Bは2.1kPaであった。

（$P_A = 2.3$ kPa）　　　　　　　　　　　　　　　　　　　（$P_B = 2.1$ kPa）
　　　　　A　　　　　　　　　　　　　　　　　　　　　　　B
図1　　●━━━━━━━━━━━━━━━━━━━━━━━━━●
　　　　　　　　　　　　延長 200 m　　　　　　　　　　　↓
　　　　　　　　　　　　　　　　　　　　　　　　　　200 m³/h

　今、図2のようにAB間の中間点のC点にもガスを200m³/h供給する
こととなった.点の圧力Paはが2.3kPaのとき、B点の圧力P_B（kPa）と
して最も近い値はどれか。ただし、高低差は考慮しないものとする。

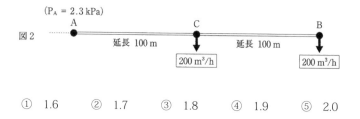

（$P_A = 2.3$ kPa）
　　　　　A　　　　　　　　　　　C　　　　　　　　　　B
図2　　●━━━━━━━━━━━●━━━━━━━━━━●
　　　　　　　延長 100 m　　　↓　　　延長 100 m　　↓
　　　　　　　　　　　　　200 m³/h　　　　　　　200 m³/h

①　1.6　　　②　1.7　　　③　1.8　　　④　1.9　　　⑤　2.0

解答解説　解答③

- 図1では、AB の中間点では、2.2kPa　A点から中間点まで、及び中間点からB点までは　ΔP = 0.1 である。
- 低圧導管の流量公式について、流量Qと圧力差ΔPに着目すると、以下の式となる。

  $$Q = K\sqrt{\Delta P}$$

- 　AC間において、Qが2倍になると、ΔPは4倍になる。従って、

  $$P_C = 2.3\text{-}0.1 \times 4 = 1.9$$

- 図1から、$P_B = P_C - 0.1 = 1.9 - 0.1 = 1.8$

類題　令和3年度甲種問10

供給テキストP11を参照

1－6　**供給管理**

供給管理に関する説明で、誤っているものはいくつあるか。

a　低圧本支管末端の所要圧力は、供給約款に定めるガス栓出口の最低圧力に供給管、内管・ガスメーター通過の際の圧力降下分を加えた値を用いる。

b　高所へ供給するガス圧力は、ガス比重が0.6の場合、100m で約 0.5kPa 低下する。

c　地区整圧器が故障すると、深夜など需要の少ない時間帯には低圧の圧力が異常に上昇することがある。

d　低圧導管の導管網解析の流量係数は、ポールの係数、米花の係数が用いられることが多い。

e　供給量の変動する要因は、気温、水温、曜日、天候、風向、風速、生活環境の変化、大口需要家の停止・稼働など、種々の要因がある。

① 0   ② 1   ③ 2   ④ 3   ⑤ 4

解答解説　　解答②

　bが誤り。ガス比重が空気より軽い場合、高所へ供給するガスの圧力は上昇する。問題文の場合は、約 0.5kPa 上昇する。

 類題 　平成 28 年度乙種問 10

　供給テキスト P11 ～ 13、26、29 ～ 30 を参照

(供給) 2－1　　整圧器の静特性

　整圧器の静特性とは、定常状態における流量と二次圧力の関係をいう。下記の（　）で正しいものはどれか。＊R3

　ある流量における二次圧力を基準状態としたとき、流量が増大に従い、二次圧力は基準圧力より低下する。これを（a）という。

　流量が 0 になるとメインバルブは締切状態になる。この時二次圧力は基準状態よりも高くなるが、この締切圧力と基準二次圧力との差を（b）という。

　また、一次圧力、大気圧、ウエイトなどが変化するとき、駆動圧力が変化し、流量曲線が変化し、全体的に基準状態からずれる。このずれを（c）という。

	（a）	（b）	（c）
①	シフト	ロックアップ	オフセット
②	シフト	オフセット	ロックアップ
③	ロックアップ	オフセット	シフト
④	オフセット	シフト	オフセット

⑤　オフセット　　ロックアップ　　シフト

解答解説　　解答⑤

　静特性とは、定常状態における流量と二次圧力の関係をいう。流量が変化しても二次圧が一定となる整圧器が理想であることから、オフセット、ロックアップ、シフトは小さいことが好ましい。

類題 平成 27 年度乙種問 11

　供給テキスト P42 を参照

*R3　流量特性線図とは、流量とメインバルブ開度（ストローク）の関係を表したものをいう。供給テキスト P44

供給 2 - 2　　整圧器の動特性

　整圧器の動特性は、専用整圧器等の負荷変動の大きいところに使用される整圧器の重要な特性で、流量の変化に対する応答の敏速性と安定性の両方が要求される。a ～ e の正しいものはどれか。

動特性	直動式	パイロット式
応答	(a)	(b)
安定性	スプリング制御式はかなりの安定性	直動式よりよい
適性	(c) 小さい差圧で使用	(d)(e) の圧力制御

①　a 若干遅い　　b 速い　　　c 小容量　　d 大容量　　e 低い精度

②　a 若干遅い　　b 速い　　　c 大容量　　d 小容量　　e 高い精度

③　a 速い　　b 若干遅い　　c 小容量　　d 大容量　　e 高い精度

④　a 速い　　b 若干遅い　　c 大容量　　d 小容量　　e 高い精度

⑤　a 速い　　b 若干遅い　　c 小容量　　d 大容量　　e 低い精度

静特性は、直動式は、パイロット式に比べて、オフセット、ロックアップが大きく、シフトが生じる。

供給テキスト P44 を参照

供給 **2－3**　　　**整圧器設置上の留意点**

整圧器設置上の留意点の説明で、誤っているものはどれか。

①　パイロット式整圧器は、最低一次圧力と最高二次圧力の差圧が一定以上確保されないと作動できなくなるため、最低一次圧力が二次圧力まで低下する場合は直動式を選定する。

②　使用条件にもよるが、一般的には最低一次圧力時の整圧器最大能力の 60 ～ 80% 程度の負荷となるように整圧器能力を選定する。

③　大規模地区整圧器として使用する場合、できるだけオフセット、ロックアップの小さい静特性の優れた整圧器を選定する。なお、動特性についても十分優れた特性が必要である。

④　専用整圧器として使用する場合、一の使用者に供給する場合に相当し、導管延長も短く、負荷変動が急激なため、動特性の優れた整圧器を使用しなければならない。

⑤　整圧器を設置した場合には、分解点検などにより整圧器を停止することがあるため、バイパス管を設けなければならない。ただし、個別に作動できる整圧器を 2 基並列に設置した場合は、この限りではない。

解答解説　解答③

③　大規模地区整圧器として使用する場合、動特性は負荷変動が緩やか

で、導管容量も大きいため、それほど問題にはならない。

供給テキスト P46 ～ 48 を参照

（供給） **2-4　　整圧器の作動と付属装置**

整圧器に関する次の記述のうち、誤っているものはどれか。

① パイロット式ローディング型整圧器は、ガスの使用量が増加すると メインバルブの開度は減少する。 *1R2

② パイロット式ローディング型整圧器は、整圧器のメインバルブが全 開時に駆動圧力が最も高くなるため、この駆動圧力以上の一次圧力が 確保されないとメインバルブは全開不能になる。

③ 直動式整圧器は、二次圧力を締切圧力として利用するので、ロック アップは大きくなる。

④ 圧力上昇防止装置は、整圧器の故障により、二次側の圧力が異常に 上昇することを防止するために用いられる。 *2R2

⑤ 整圧器及びその付属装置には、耐震上安全な方法で支持を施す。

解答解説　　解答①

① パイロット式ローディング型整圧器（フィッシャー式）は、ガスの 使用量が増加するとメインバルブの開度は増大する。

② パイロット式アンローディング型整圧器（レイノルド式）は、整圧 器のメインバルブが全閉時に駆動圧力が最も高くなるため、この駆動 圧力以上の一次圧力が確保されないとメインバルブは閉止不能になる。

③ 直動式整圧器は、ロックアップ以外にオフセットも大きくなり、シ フトも生じる。

供給テキスト P34 ～ 39、48 ～ 49 を参照

*1R2 レイノルド式整圧器は需要家のガス使用量が減少すると低圧補助ガバナ（パイロット）の開度が減少し、中間圧力が高くなるため、オキジャリーボール内のダイヤフラムを押し上げる力が強くなる。供給テキスト P36

*2R2 ハウスレギュレータは、一般に不純物除去装置と圧力上昇防止装置が一体化されている。供給テキスト P41

供給 2−5 整圧器の故障原因

整圧器の二次側圧力の異常低下の原因として誤っているものはどれか。

① 整圧器の能力不足

② フィルターのダスト類詰まり

③ 直動式整圧器のメインスピンドル固着

④ レイノルド式整圧器の低圧補助ガバナの開度不足

⑤ フイッシャー式整圧器のメインバルブの締め切り不良 ＊R2

解答解説 解答⑤

⑤ フィッシャー式整圧器のメインバルブの締め切り不良は、二次圧異常上昇の原因である。

供給テキスト P52 〜 53 を参照

*R2 フィッシャー式整圧器の二次圧異常上昇の原因として、メインバルブへのダストがかみ込みにより締め切り不良が考えられる。

供給 3−1 ガスメーターの構造

ガスメーターの構造について、誤っているものどれか。

① 膜式は、ガスを一定容積の袋の中に入れ、充満後排出し、その回転

数を容積単位に換算する。

②　回転子式は、2個のまゆ型回転子とこれを包含するケースからなり、計量するガスは、上方から流入し、ガスの差圧で回転子を回転させて流出する。

③　渦流式は、流れの中に置いた羽根車の回転速度が流速に比例する原理を利用したメーターである。

④　サーマルフロー式は、メーター内に搭載されているマイクロフローセンサーを用いる。センサーで上流側温度と下流側温度を測定し、その温度差をセンサーの抵抗値の差として計測し、流量を測定する。

⑤　推量式メーターには、タービン式、渦流式、サーマルフロー式のほか、オリフィス式、ベンチュリ式、超音波式等がある。　*R3

解答解説　　解答③

③　は、タービン式の説明である。渦流式とは、流体の流れに対し、棒状の物体を挿入すると、流れの後ろに一対の渦が交互に発生する。この渦の数を測定する。

供給テキスト P63 〜 67 を参照

*R3　オリフィス式ガスメーターは、オリフィス前後の圧力差を測定することにより、流量を推測計量する。供給テキスト P63

供給　**3-2　　ガスメーターの特徴**

中・低圧に用いられるガスメーターの特徴に関する次表の a 〜 e に当てはまる語句の組合せで最も適切なものはどれか。

	膜式	回転子式	サーマルフロー式
使用圧力	低圧	低圧・中圧	中圧
メーター前後の直管の要否	a	b	c
メーターフィルターの要否	d	e	要

	a	b	c	d	e
①	不要	不要	不要	不要	要
②	不要	要	不要	要	不要
③	要	不要	不要	不要	不要
④	不要	不要	要	要	要
⑤	要	要	要	不要	不要

解答解説 解答①

メーター前後の直管は、タービン式、渦流式で必要になる。

類題 平成 28 年度乙種問 12

供給テキスト P66 を参照

 3－3　ガスメーターの検定

ガスメーターの検定に関する次の記述のうち、誤っているものはどれか。

① 口径が 250mm を超えるガスメーター又は圧力が 10kPa を超えるガスの計量に用いるガスメーターは、計量法による検定対象外である。

② 計量器の誤差 E（％）は次の式で表される。

E ＝（Q－I）／I × 100　　　Q：基準器の指示量

I：被試験メーターの指示量

③ 湿式ガスメーターは、主に基準ガスメーターとして使用される。

④　ガスメーターのうち、膜式は実測式、渦流式は推量式に分類される。

⑤　使用最大流量が 16m^3 ／ h を超える検定対象であるガスメーターの検定有効期間は 7 年である。

解答解説　　解答②

②　計量器の誤差 E（％）は次の式で表される。

E ＝（I－Q）／ Q × 100　　　I：被試験メーターの指示量

Q：基準器の指示量

⑤　検定対象で、使用最大流量が 16m^3 ／ h 以下であるガスメーターの検定有効期間は 10 年である。

類題 平成 27 年度乙種問 12

供給テキスト P69 〜 71 を参照

供給 **3-4　　膜式ガスメーターの故障**

膜式ガスメーターの故障に関する説明で、正しいものはいくつあるか。 *R1

a　不通とは、ガスはメーターを通過するが、メーター指針が動かない故障である。

b　不動とは、ガスがメーターを通過できない故障である。

c　器差不良とは、器差が変化し、使用公差を外れる場合である。

d　感度不良とは、メーターにガスを通じた時、メーター出口側の圧力変動が著しくなり、ガスの燃焼状態が不安定になる故障である。

e　あおりとは、定められた小流量を流した時、メーターの指針に変化が表れない故障である。

① 1 ② 2 ③ 3 ④ 4 ⑤ 5

解答解説　解答①

① 　cが正しい。aは不動、bは不通、dはあおり、eは感度不良の説明
である。

供給テキスト P68 を参照

*R1　ガス中の水蒸気がメーター内で凝縮し、故障の原因となることがある。供給
テキスト P68

供 **3-5**　　**マイコンメーターの主要部品**

マイコンメーターの主要部品に関する説明で、誤っているものはいくつ
あるか。*1R2

a　流量検出は、メーター本体のひじ金に磁石を取り付け、メーターの回
転をコントローラーの流量センサーに伝える構造になっている。

b　コントローラーはプリント基板上にマイクロコンピュータ、流量セ
ンサー、表示ランプ、リチウム電池、感震器などを配し、遮断弁、圧
力スイッチと配線接続している。

c　遮断弁は、コントローラーからの瞬時の電流で遮断し、弁復帰も自動
である。

d　圧力スイッチは大気圧とガス圧の差圧検知方式で、ガス圧力が正常
な状態では ON、ガス圧力が異常低下すると OFF になる構造となって
いる。

e　内蔵している感震器は、少々の傾斜状態であれば自動水平調整を行
う。*2R2

①　1　　　②　2　　　③　3　　　④　4　　　⑤　5

解答解説　　解答②

c　遮断弁は、コントローラーからの瞬時の電流で遮断し、弁復帰は手動
である。

d　圧力スイッチは大気圧とガス圧の差圧検知方式で、ガス圧力が正常
な状態では OFF、ガス圧力が異常低下すると ON になる構造となって
いる。

供給テキスト P72 ～ 74 を参照

*1R2　Qmax が 25 ㎥／h 以上のマイコンメーターでは、上ケース上部に、コント
ローラー、圧力スイッチ、感震器、流量センサー等を内蔵したコントロールボック
スを取り付けている。供給テキスト P72

*2R2　感震器は、少々傾斜状態でも自動水平調整を行い、リセット不要な球振動
式感震器である。供給テキスト P74

供給 **3-6　　マイコンメーターの安全機能**

マイコンメーターに関する安全機能について、誤っているものはどれか。

①　感震遮断は、250 ガルを超える地震の場合、遮断する。＊R3

②　上流側ガス圧力が 0.2kpa 以下になったとき遮断する。

③　遮断弁復帰操作時に復帰後 2 分以内にガスが流れた場合に再遮断す
る。

④　少量漏れや口火を連続使用した場合、30 日間連続してガスが流れ続
けた場合、遮断する。

⑤　電池の電圧が所定の電圧以下になった場合、遮断する。

④　少量漏れや口火を連続使用した場合、30日間連続してガスが流れ続けた場合、ガス漏れ警報を表示する。

供給テキスト P75 を参照

＊R3　マイコンメーターには、ガスメーターの設置場所において 250 ガルを超える地震動を継続して検知した場合に遮断する機能がある。供給テキスト P75

供給 4－1　　導管の接合

導管の接合に関する説明について誤っているものはいくつあるか。

a　ポリエチレン管の使用は最高使用圧力1.0MPa未満まで可能である。

b　ポリエチレン管の接合のHFは、加熱されたヒーターを接合しようとする部分に密着させ加熱溶融した後、接合面同士を圧着する方法である。

c　ポリエチレン管の接合のEFは、内面に加熱用電熱線が埋め込まれた継手を用いる。EF継手の種類としては、バット融着とソケット融着、サドル融着がある。

d　印ろう型接合は、幅広い材料の接合に用いられ、管が相手側に差し込まれ、整形されたパッキンを用いて締め付けることにより気密性を保持する方法である。

e　ガス型接合には平らなもの（フラットフェース）と一部突起のあるもの（レイズドフェース）がある。

①　0　　　②　1　　　③　2　　　④　3　　　⑤　4

a、c、d、e が誤り。

a　ポリエチレン管の使用は最高使用圧力 0.3MPa 未満まで可能である。

c　ポリエチレン管の接合のエレクトロフュージョン（EF）は、内面に
加熱用電熱線が埋め込まれた継手を用いる。EF 継手の種類としては、
ソケット融着とサドル融着がある（バット融着はない）。

d　機械的接合には、幅広い材料の接合に用いられ、管が相手側に差し
込まれ、整形されたパッキンを用いて締め付けることにより気密性を
保持する方法である。

e　フランジ接合には平らなもの（フラットフェース）と一部突起のあ
るもの（レイズドフェース）がある。

供給テキスト P84 〜 88 を参照

（供給）**4-2　導管構造の設計（1）**

導管構造の設計に関する説明について誤っているものはいくつあるか。

a　埋設された導管の設計には、内圧から求められた式と上載荷重と車
両荷重の外荷重から求められた式のいずれか大きい値をとる。

b　導管には、a のほか、温度変化、地盤の不等沈下、自重、地震、風、
雪などの荷重に耐える導管を設計しなければならない。

c　内圧による円周方向の応力は、$\sigma_c = PD / 4t$（P：内圧、D：内径、
t：管厚）で表される。

d　内圧による軸方向応力は、$\sigma_1 = PD / 2t$（P：内圧、D：内径、t：
管厚）で表される。

e　河川を横断する導管は、温度変化により発生する応力が大きく、熱
応力の検討が重要である。

① 0　　②　1　　③　2　　④　3　　⑤　4

解答解説　　解答③

c、d が誤り。

c　内圧による円周方向の応力は、$\sigma_c = PD / 2t$（P：内圧、D：内径、t：管厚）で表される。

d　内圧による軸方向応力は、$\sigma_l = PD / 4t$ で表される。

類題　平成 29 年度乙種問 13、令和 1 年度乙種問 13

供給テキスト 90 ～ 93、104 を参照

⬤ **供給** 4 - 3　　**導管構造の設計（2）**

導管構造の設計に関する説明について誤っているものはどれか。

a　内圧による円周方向の応力は、

$$\sigma_c = P \times （イ） \div （2 \times （ロ）） （P：内圧）$$

で表される。（イ）は内径である。

b　a において、（ロ）は管厚である。

c　パイプの軸に垂直に荷重が作用すると曲げ応力が生じる。曲げ応力の最大は、管中心に生じる。

d　上載荷重の大きさは、導管の埋設深さに比例する。

e　車両荷重は、導管の埋設深さの 2 乗に比例する。

①　a、b　　②　a、c　　③　a、e　　④　c、d　　⑤　c、e

解答解説　　解答⑤

c、e が誤り。

c　パイプの軸に垂直に荷重が作用すると、曲げ応力が生じる。曲げ応

　　力の最大は、管頂又は管底に生じる。

e　車両荷重は、導管の埋設深さの 2 乗に反比例する。

類題　平成 27 年度乙種問 13、28 年度乙種問 13、29 年度乙種問 13

供給テキスト P90 ～ 92、95 ～ 96 を参照

 4 - 4　導管構造の設計（3）

鋼管（外径 200mm、管厚 5mm とする）が内圧 P = 0.3MPa を受ける場合に管に生じる円周方向の応力 σ（N／mm²）で、次のうち最も近いものはどれか。

①　4　　　②　5　　　③　6　　　④　7　　　⑤　8

解答解説　解答③

円周方向応力 σ の計算式は、下式である。

　　　σ =PD／2t　P：圧力（MPa）　D：内径（mm）　t：管厚（mm）

問題文は外径のため、管の厚みを引いて、内径を求める。

　　　P= 0.3MPa = 0.3 × 10⁶N／m² = 0.3 N／mm²

であるから、問題の式に代入すると

　　　円周方向応力 σ = 0.3 ×（200-5 × 2）／（2 × 5）≒ 6（N／mm²）

となる。

類題　令和 3 年度乙種問 13

供給テキスト P93 を参照テキスト P91 ～ 92 を参照

141

供給 **4-5** **導管構造の設計（4）**

　管径 100mm、長さ 20m の鋼管の管体温度が一様に 50℃上昇した場合の鋼管の伸び量（mm）として最も近い値はどれか。ただし、鋼管の両端や周囲は拘束されていないものとし、内圧や自重は無視する。

（条件）線膨張係数　1.0×10^{-5}／℃

　　① 1　　　② 5　　　③ 10　　　④ 50　　　⑤ 100

解答解説　　解答③

　温度変化による伸び δ は、

$$\delta = \alpha \cdot \Delta T \cdot L$$

　　α：線膨張係数　ΔT：温度変化幅　L：長さ

　で、上式に数値を代入すると

$$\delta = 1.0 \times 10^{-5} \times 50 \times 20 = 0.01 \ (m)$$

　両端が固定されていない場合は、伸縮量の計算になり、両端固定の場合は、伸縮ができないため、温度応力の計算になる。

|類題|　令和 2 年度乙種問 13

　供給テキスト P93 を参照

供給 **4-6** **ガス遮断装置**

　下記のガス遮断装置の構造、利点の組み合わせで誤っているものはどれか。

　① 　ボールバルブ

　　ボールに穴を開けた形の閉子を回転させることによって、開閉する

142

もので、導管内径と流路面積が同一にできるため、圧力損失が非常に少ない。

② プラグバルブ

円錐形の弁をその軸周に 90 度回転させて、開閉する構造。ガス管中のダストなどの不純物による遮断効果の低下が生じにくい。

③ 玉型弁

円板状の閉子を回転させることによって開閉するもので、蝶型弁ともいわれ、流量コントロールが容易で、安価だが、長時間閉止状態にすると、密着して開かないことがある。

解答解説 解答③

③の記述は、バタフライバルブである。玉型弁とは、弁棒をまわすと円筒形の閉止弁が上下し、バルブの開閉を行う。締切り性能がよく、流量調整が容易だが、圧力損失が大きい。

供給テキスト P101 ～ 103 を参照

供給 **4－7** **架管**

架管に関する記述で、誤っているものはどれか。

① 架管の配管では、一般に内圧による両端の曲管の応力が支配的になる。

② 架管の熱応力を吸収する方法としては、可とう性配管による方法、伸縮継手を用いる方法がある。

③ 可とう性配管は、直管と曲がり管を組み合わせて、伸縮を吸収する方法で、一般配管と同じ材料を用いるので信頼性は高いが、曲がり配管のスペースを必要とする。

143

④ 配管の強度面では、可とう性配管は、全て鋼管であり強度的には問題がないが、ベローズ型伸縮継手は、薄肉のため問題となることもある。

⑤ 伸縮継手は固定点が必要で、可とう性配管も配管形状により固定点が必要である。

解答解説　**解答①**

① 架管では、一般に温度変化による両端の曲管の応力が支配的になる。
供給テキスト P104 ～ 122 を参照

供給 4 - 8　　**フレキ管**

フレキ管に関する次の記述のうち、誤っているものはどれか。

① フレキ管の圧力損失は、直管状態では鋼管よりやや大きいことに注意し、設計する必要がある。

② フレキ管は、さや管に入れて、フレキ管本体が土と直接触れないようにすれば埋設できる。

③ フレキ管は、配管用炭素鋼鋼管（SGP）を圧縮加工により波付けし、ポリエチレンで被覆して、製造される。

④ 戸建ての免震住宅において、地震時の基礎側構造物と上部建物側構造物に生じる変位をフレキ配管で吸収する方法を採用した。

⑤ フレキ管は、釘打ちや建築中の踏み付つけ等による損傷を受けやすいので、防護措置を施す必要がある。

解答解説　**解答③**

③ フレキ管は、ステンレス鋼を円筒形に成形し溶接した後、ダイス等

で波付けし、塩化ビニール等の樹脂で被覆する。

ダイス：雄（おす）型を成形するための雌（めす）型の工具

供給テキスト P84 を参照

 供給 **5 - 1　　導管の腐食（1）**

導管の腐食に関する説明で誤っているものはどれか。

① 腐食は一般的に迷走電流に起因する電食と、それらの要因ではない自然状態で生ずる自然腐食に大別される。

② 電食は、電気軌道のレールからの流れ電流によるものとほかの埋設物の電気防食設備からの干渉によるものとに分類される。

③ 電気防食を実施している既設導管で防食側と非防食側の電位差が大きい場合、非電気防食側にも電食が発生することがある。これをジャンピング腐食という。

④ 自然腐食は、アノード部とカソード部が明確に区分されず、無数の腐食電池が形成されほぼ均一に腐食するマクロセル腐食と、アノード部、カソード部が区分されるミクロセル腐食とに分類される。

⑤ 大気中の腐食は、露出配管部において大気中の湿度やガスにより生ずる腐食で、その機構は土壌中のミクロセル腐食と同様である。

解答解説　　**解答④**

④ 自然腐食は、アノード部とカソード部が明確に区分されず、無数の腐食電池が形成されほぼ均一に腐食するミクロセル腐食と、アノード部、カソード部が区分されるマクロセル腐食とに分類される。

供給テキスト P151 を参照

導管の腐食に関する説明で誤っているものはどれか。

① 通気差腐食とは、通気性の悪い部分がアノード、よい部分がカソードとしてマクロセルが形成され、腐食する。

② コンクリート／土壌腐食とは、コンクリートがカソード、埋設管の土壌部分がアノードとなり、腐食が生じる。

③ 異種金属腐食とは、異なる2種の金属が土壌中で電気的に接続されると、金属の自然電位差によりマクロセルが形成され、腐食する。黄銅バルブと鋼管が接続されていると、鋼管がカソードとなり腐食する。
　*1R2　*2R3

④ バクテリア腐食とは、土壌中に生息するバクテリアにより著しく促進されるミクロセル腐食である。

⑤ 通常の土壌腐食の進行速度は、鉄の場合一般的な土中で 0.02mm／年程度である。

解答解説　　解答③

③ 黄銅バルブと鋼管が接続されていると、鋼管がアノード（陽極）となり腐食する。また、鋳鉄管と鋼管が電気的に接続されていると鋼管がアノードとなり腐食する。

供給テキスト P152 〜 155 を参照

*1R2　鋳鉄管と鋼管が電気的に接続されている場合、鋼管がアノードとなり腐食する傾向がある。供給テキスト P155

*2R3　鋳鉄管と鋼管が電気的に接続されている場合、異種金属接触によるマクロセル腐食のため、鋼管がアノードとなって腐食する。供給テキスト P155

5－3　電気防食（1）

電気防食に関する説明で、誤っているものはいくつあるか。

a　外部電源法とは、導管よりも自然電位がマイナスの金属を接続することで、導管へ防食電流を流入させ、腐食を防止する方法で、他の金属埋設体に影響を及ぼさない。*R2

b　流電陽極法とは、直流電源装置から電極へ強制的に電圧を加え、電極から土壌を経て、導管に防食電流を流入させ、腐食を防止する方法である。

c　選択排流法とは、導管と電気鉄道のレールを接続したもので、導管を流れる電流をレールに帰流させる方法であり、電流が逆流しないように整流器が組み込まれている。

d　強制排流法とは、外部電源法と選択排流法を組み合わせたものである。

e　流電陽極法は外部電源法に比べて電圧が小さいため、導管の塗覆装の抵抗が小さい場合は適さない。

①　0　　　②　1　　　③　2　　　④　3　　　⑤　4

解答解説　解答③

a、bが誤り。

aは流電陽極法、bは外部電源法の説明である。

供給テキストP159 ～ 161を参照

*R2　外部電源法は、導管の塗覆装の抵抗が低い場合や防食区間が長い場合に適している。供給テキストP159

供給 5-4　電気防食（2）

選択排流法と強制排流法に関する次の記述で、誤っているものはどれか。

①　選択排流法とは、導管と電気鉄道のレールを電気的に接続し、導管に流れる電流をレールに帰流させる方法である。

②　選択排流法は、電源が不要で構造が簡単であり、常時電気防食効果がある。

③　強制排流法は、外部電源法よりも安価に設置できる。

④　強制排流法は、電気鉄道への影響を考慮する必要がある。

⑤　選択排流法、強制排流法のいずれの方式も、他の金属構造物への干渉及び過防食を考慮する必要がある。

解答解説　　**解答②**

電鉄が走行していない場合は、電気防食の効果が得られないため、他の電気防食法との併用が必要。

類題　令和元年度乙種問 14

供給テキスト P160 ～ 161 を参照

供給 5-5　防食管理（1）

防食に関する説明で、誤っているものはどれか。

①　メッキによる防食を施したものとして亜鉛メッキ鋼管があるが、現在は露出部での使用に限定されている。

②　電気防食の理論上の防食電位は管体地電位 −2,000mv（飽和硫酸銅電極基準）であり、−850mv になると過防食といわれている。＊R3

③　導管表面の現場塗覆装には、絶縁性の優れた熱収縮性ポリエチレン

チューブ、防食ゴムシートが多く用いられる。

⑤　防食効果を調査する仮通電試験は、地中に設置する仮電極に電源の
プラス極を、対象物にマイナス極を接続して行う。

解答解説　　解答②

②　電気防食の理論上の防食電位は管体地電位−850mv（飽和硫酸銅電
極基準）であり、−2,000mv になると過防食といわれている。

供給テキスト P156 〜 158、161 〜 162、168 〜 170 を参照

*R3　導管における設計上の防食電位は、安全を考慮して、管対地電位を−1000mV
（飽和硫酸銅電極基準）程度とすることが望ましい。供給テキスト P158

（供給）　**5 – 6　　防食管理（2）**

防食管理に関する次の記述のうち、誤っているものはどれか。

①　マグネシウムは鉄より自然電位が低い。

②　導管の防食方法には、塗覆装による措置、絶縁による措置、電気防
食による措置などがある。

③　酸性による水素発生型腐食の可能性を調査するため、土壌の pH を
測定した。

④　管対地電位は、土壌等の電解質に設置した照合電極に対する導管の
電位である。　*R4

⑤　防食設備の点検は、土壌の湿潤期や電気鉄道運行時等、防食状況の
悪い時期や時間帯を避けて実施する。

解答解説　　解答⑤

⑤　防食設備の点検は、防食の最も悪い時期をとらえて行うことが望ま

しく、土壌の湿潤期や電気鉄道運行時等、防食状況の悪い時期や時間帯を選んで行うことが望ましい。

供給テキスト P150、156、162 ～ 163、167 を参照

*R4 管対地電位の測定では、照合電極は通常、飽和硫酸銅電極が用いられ、散水で土壌等との接地抵抗を下げて測定する。供給テキスト P163

⬤ 供給 **5－7　　防食管理（3）**

防食管理に関する次の記述のうち、誤っているものはどれか。

a　建物に引き込まれた配管は、マクロセル腐食の原因となるコンクリートに接触する機会が多い。

b　屋内配管に流入した電流が埋設部の配管に流れないようにするため、一般に埋設配管部近くの架空配管部に絶縁接手を設置する。

c　建物内に絶縁接手を設置する場合は、壁貫通部においてあらかじめ鉄筋とガス管とを電気的に導通させておく。

d　露出管の塗覆装は、光や熱の影響を考慮し、対候性に優れた塗装、屋外防食テープ等を使用する。

e　防食シートは柔軟性に乏しいため、凹凸の激しい部分では使用できない。

① a、c　　　② a、d　　　③ b、e　　　④ c、d　　　⑤ c、e

解答解説　　**解答⑤**

c　建物内に絶縁接手を設置する場合は、壁貫通部においてあらかじめ鉄筋とガス管とを電気的に接触しないようにしておく。

e　防食シートは柔軟性があり、凹凸の激しい部分でも使用は可能。

類題 平成 29 年度乙種問 14
供給テキスト P168 〜 169 を参照

供給 6-1 掘削工事

掘削工事の次の記述で誤っているものはどれか。

① 土止工は、掘削深さ、放置時間、土質、湧水状況、周辺の構築物の状況などに応じて木材や金属製の矢板を用いる。

② 湧水処理の重力排水法は、水溜や溝を適当な間隔で設け、ポンプで排出する工法で、透水性の悪い粘土層に適する。

③ 湧水処理のウエルポイントは、重力排水によるポンプだけでは困難な場合に用いる地盤改良工法の一種である。

④ 湧水処理の薬液注入工法は、軟弱地盤で地下埋設物を損傷する恐れがある場合や推進工事の地盤の補強手段で用いられる。

⑤ 埋設物周辺では、あらかじめ試験掘等により埋設物の位置を確認し、埋設物の損傷防止に努めなければならない。また埋設物周辺は原則として手堀りで掘削する。

解答解説 解答②

② 砂層は透水性がよく、粘土層は悪い。重力排水法は、透水性の良い砂層に適する。

供給テキスト P174 〜 176 を参照

供給 6－2　　導管の明示

道路に埋設する導管（本支管）の明示に関する次の記述のうち、（　）内のa～cに当てはまる語句の組合せとして最も適切なものはどれか。

中圧導管及び外径（a）mm以上の低圧導管については、（b）m以下の間隔で占用物件の名称、管理者、埋設年、ガスの（c）をテープ等で明示する。

	a	b	c
①	50	2	種別
②	80	2	圧力
③	50	3	種別
④	80	3	圧力
⑤	80	2	種別

解答解説　　解答②

問題以外で重要な事項は、埋設後位置確認ができるようにロケーティングワイヤーを管に這わせて設置する、5kPa以上のポリエチレン管は標識シートを当該導管と地表面の間に設置する、がある。

類題 平成28年度乙種問15

供給テキストP178を参照

供給 6－3　　導管の接合

導管の接合に関する記述で誤っているものはどれか。＊1R3

①　融着は融着性能に大きく影響する融着面の切削、清掃作業が重要である。

② 　接合が終了すれば、EF 接合では、接合面のビードの高さ、幅などを確認し、HF 接合では、インジケーターにより融着状態を確認する。*2R3

③ 　ねじ接合は、主に小口径の低圧管の露出管、埋設に当たっては供内管・本支管取り出し部などに用いられる。

④ 　ねじ接合は、JIS に規定された寸法になるように管径に適合した工具を用いて正しく切削し、油分等をふき取った後、シール剤を塗布して、ねじ込む。

⑤ 　活管工法は、ガスの供給停止、あるいは減圧することなく分岐取出しや遮断が可能な工法で、主に、工事に伴うガスの供給停止や減圧が困難な場合に適用される。

解答解説　　解答②

② 　EF 接合と HF 接合の説明が逆になっている。

供給テキスト P178 ～ 179、200 ～ 201 を参照

*1R3　導管の接合のうち、機械的接合は主として鋳鉄管又は口径 80mm 以下の小口径の鋼管の接合に使われる。供給テキスト P179

*2R3　ポリエチレン管の接合である融着には、ヒートフュージョン接合とエレクトロヒュージョン接合がある。供給テキスト P178

供給　6 - 4　　耐圧気密・連絡工事

耐圧気密試験・連絡工事に関する説明で、誤っているものはどれか。

① 　耐圧試験の試験圧力は最高使用圧力の 1.5 倍以上とし、空気又は不活性ガスを用いて昇圧を行う。圧力は一気に試験圧力まで上げず、段階的に昇圧する。

② 　気密試験の試験圧力は、最高使用圧力の 1.1 倍以上とする。ただし、条件によっては、最高使用圧力以上や通ずるガスの圧力とする場合が

153

ある。*R3

③　鋳鉄管・ポリエチレン管の遮断は、材料の復元性を生かして、スクイズオフ工具で、所定の位置まで管をしめつけ、ガス遮断を行うことができる。

④　ノーブローバッグを用いるノーブロー工法は、低圧のせん孔、プラグ止め、ガス遮断等においてガスの噴出、圧力の変動を最小限に抑える簡易な工法である。

⑤　中圧導管工事の供給操作では、供給操作計画書を作成し、事前に、供給確保の方法や操作時間帯の選定、減圧方法などを検討する。

解答解説　　解答③

③　小口径のポリエチレン管の遮断は、材料の復元性を生かして、スクイズオフ工具で、所定の位置まで管をしめつけ、ガス遮断を行うことができる。

類題 平成 29 年度乙種問 15

供給テキスト P193 ～ 199 を参照

*R3　気密試験の方法として、ガス濃度が 0.2% 以下で作動するガス検知器を使用し、ガス検知器が作動しないことにより判定した。供給テキスト P194

供給　**6 - 5**　　**工事災害の防止**

工事災害の防止の説明で、誤っているものはどれか。

①　工事に伴うせん孔、遮断、切断、連絡配管等のガス漏えいの恐れのある作業などでは、可燃性ガスの濃度を測定し、爆発のおそれがないことを確認する。

②　アーク溶接の感電を防止するため、溶接機周辺の動電部は完全に絶

縁被覆することやアース接続を完全にする等の対策がある。

③ アーク光からは強烈な紫外線などが発生するため、正しい遮光保護具・遮光版を使用し、アークを直視しない。

④ 放射線被ばくによる障害を防止するため、線源から3m以内では標識などを用いて立ち入り禁止区域を明示する。

⑤ 酸素欠乏危険場所では、酸素濃度が18%以上であることを確認した上で作業を開始する。また測定結果は記録し3年間保存しなければならない。

解答解説　解答④

④ 放射線被ばくによる障害を防止するため、線源から5m以内では標識などを用いて立ち入り禁止区域を明示し、放射線業務従事者以外の第三者の立ち入りを禁止する。

供給テキストP203 ～ 205を参照

供給 **6 - 6　内管工事**

内管工事に関する次の記述のうち、誤っているものはどれか。

① 不等沈下対策の1つとして、スライド型伸縮継手を用いた配管の変位吸収措置がある。

② 被覆鋼管の場合、管材料の使用温度幅を超える熱の影響を受けるおそれのある場所に配管してはならない。

③ 他の設備配管と輻輳する場合には、JIS規格に準拠して、都市ガスの配管は緑色の識別色で表示する。

④ フレキ管の屋内露出の横引き部では、2m以内ごとに支持固定する。＊R2

⑤　建築基準法や消防法等で定める事項により、管を設置してはならない場所がある。

解答解説　解答③

③　他の設備配管と輻輳する場合には、JIS規格の準拠して、都市ガスの配管はうすい黄色の識別色で表示する。

供給テキストP188　供内管の配管工事を参照

*R2　フレキ管を屋外の露出配管で使用する場合は、0.5m以内の間隔で支持固定する。供給テキストP191

供給 6-7　　導管工事全般（1）

導管工事に関する内容で、誤っているものはいくつあるか。

a　良質発生土による埋め戻しや再生アスファルト合材での舗装を施工するためには、警察署の許可が必要である。*R3

b　エレベーターの昇降路内に内管を設置した。

c　露出しているフレキ配管の分岐箇所及び曲管部に対しては、ワイヤーを用いて支持固定する。

d　融着の際直前に、管と継手の融着面をエタノールで清掃した。

e　ポリエチレン管の埋設工事においては、パイプロケーターの使用に備え、標識シートを管に沿わせて設置する。

　　①　1　　　②　2　　　③　3　　　④　4　　　⑤　5

解答解説　解答③

a　再生復旧材の使用については、道路管理者の承認を得る必要がある。

b 配管場所の制限として、エレベーターの昇降路内は、設置してはならない。

e ポリエチレン管の埋設工事においては、パイプロケーターの使用に備え、ロケーティングワイヤーを管に沿わせて設置する。

供給テキスト P178 ～ 179、185、189、192 を参照

*R3 工事着手前に、道路管理者から道路占用許可を取得した。供給テキスト P173

供給 6-8 **導管工事全般（2）**

導管の工事に関する次の記述のうち、誤っているものはどれか。

① ポリエチレン管を屋外に保管する際に、紫外線による劣化を防止するためシートで覆った。

② 漏れたガスが滞留するおそれのあるピット内に配管したので、点検口を設けた。

③ 架管を絶縁性の支持具によって支持し、構造物との絶縁を確実に行った。*R3

④ 防火区画を貫通する内管を施工する際、壁との隙間をモルタルで埋めた。

⑤ 溶接部の放射線透過試験を行うにあたり、放射線被ばくによる障害を防止するため非破壊試験技術者を選定した。

解答解説 解答⑤

⑤ 非破壊試験技術者ではなく、エックス線作業主任者を選定する。

類題 令和元年度乙種問 15

供給テキスト P177、188、185、187、204 を参照

*R3 架管の施工において、橋台等の壁貫通部にスリーブを設け、スリーブとガス

管の隙間には弾力性のあるシール材を隙間なく充てんした。供給テキストP185

供給 6−9　　導管工事全般（3）

導管の工事に関する次の記述のうち、誤っているものはどれか。

① 電気防食を施した鋼管の切断に当たっては、火花が出ないように電気防食施設の電源を切っておき、さらに切断予定の両端を短絡させる。

② 導管工事の着工準備にあたっては、資機材に不足のないように確認するとともに、掘削機械、ポンプ、転圧機、保安設備等の整備・点検を行う。

③ 酸素欠乏のおそれのある場所において作業を行う場合は、異常時に直ちに応急措置及び関係者への通報ができるように作業を2人以上で行う。

④ 掘削工事では、掘削溝の壁に勾配をつけるか、土砂の崩壊を防止するため土止めを施す。状況に応じて、木材又は鋼製の切梁で根入れを行い、矢板や腹起しを用いて補強する。

⑤ 非開削工法の特徴の一つは、路上工事の縮減により交通への影響を低減できることである。

解答解説　　解答④

④ 掘削工事では、掘削溝の壁に勾配をつけるか、土砂の崩壊を防止するため土止めを施す。状況に応じて、木材又は鋼製の矢板で根入れを行い、腹起しや切梁で補強する。

類題 令和4年度乙種問15

供給テキストP168、174、204、179を参照

供給 7 - 1　溶接の概要

溶接に関する次の記述のうち、誤っているものはどれか。

① 圧接は、アーク溶接の一つである。

② 溶接金属とは、溶接部の一部で、溶融中に溶融凝固した金属のことで、熱影響部とは、溶接、切断等の熱で金属組織や機械的性質が変化を受けた溶融していない母材の部分である。

③ 導管の突合せ溶接部における開先形状は、V、U 形などがよく用いられる。

④ 溶接棒は、十分に乾燥したものを現場で用いなければならない。また、心線の品質は被覆剤とともに溶接棒の性能を左右する重要な因子である。

⑤ ティグ（TIG）溶接は、不活性ガスで溶接部をシールドしているため、不純物が混入せず、高品質な溶接が得られる。*R2

解答解説　　**解答①**

① 母材の一部を溶かし合わせて一体にする「融接」には、被覆アーク溶接やマグ溶接・ティグ溶接などのアーク溶接がある。

　　一方、「圧接」は、接合部を加熱しながら圧力を加える方法で、スポット溶接がこれに相当する。

供給テキスト P209 ～ 210、212 ～ 213 を参照

*R2　ティグ溶接は、溶接ワイヤに被覆剤（フラックス）を含まないため、スラグが発生しない。供給テキスト P213

第4章　ガス技術科目　供給分野

159

7－2　溶接管理・溶接欠陥

溶接管理、溶接欠陥に関する説明で、誤っているものはどれか。

① 溶接の開始前に母材上でアークを飛ばすことをアークストライクといい、高張力鋼ではこの部分が急冷されて硬化するため材質が変化する場合がある。

② 被覆アーク溶接は、溶接棒の心線に塗布された被覆剤によりスラグが発生する。*1R2　*1R3

③ 溶接中に飛散するスラグや金属粒をスパッタといい、溶接後グラインダーなどで除去する。

④ 溶接部の寸法不良には、余盛りの過不足、すみ肉脚長及びのど厚寸法不良などがあり、形状不良には、ビート形状の不良、オーバーラップ等がある。

⑤ パイプとは、溶接金属内に残留したガスのため空洞が生じた状態である。

解答解説　　解答⑤

⑤ ブローホールとは、溶接金属内に残留したガスのため空洞が生じた状態であり、パイプとは、ブローホールと同じであるが、細長く尾を引いている状態をいう。

供給テキスト P214 ～ 216 を参照

*1R2　被覆アーク溶接の被覆剤（フラックス）には、溶接金属の凝固・冷却の速度を緩やかにする効用がある。供給テキスト P212

*2R3　被覆アーク溶接の被覆剤（フラックス）には、溶接金属の凝固・冷却の速度を緩やかにし、上向きその他種々の位置の溶接を容易にする効用がある。供給テキスト P212

7−3　溶接欠陥

溶接欠陥に関する次の記述のうち、正しいものはどれか。

① ブローホール：開先の一部がそのまま残った状態
② アンダーカット：溶接金属内に残留したガスのため空洞を生じた状態
③ 溶込み不良：表面における溶接金属と母材の境界の凹み
④ 融合不良：溶接金属と母材または溶接金属どうしが溶着していない状態
⑤ クレータ：溶接金属の止端が母材と融合せず、重なりあった状態

解答解説　解答④

① 溶け込み不良（IP）の説明
② ブローホールの説明
③ アンダーカットの説明
⑤ オーバラップの説明で、クレータとは、ビードが終端まで行き渡らず、くぼんだ状態。

供給テキスト P216 を参照

 7−4　非破壊試験

非破壊試験の説明のうち、誤っているものは、次のうちどれか。

① 放射線とは、X 線、γ 線などのように非常に波長の短い電磁波で、強い透過力を持ち、きずがある部分は、厚みが薄いため、健全部より強い放射線が透過する。＊1R2
② 放射線透過試験のキズは第 1 種から第 4 種までであり、撮影法は小口

径の場合、二重壁片面撮影法が用いられる。

③ 放射線透過試験では、欠陥の形状は、フィルム上に投影された像として見えているため、わかりやすく、信頼されやすいが、試験結果を確認するまで時間を要する。

④ 超音波探傷試験は、われのような平面状の欠陥の検出に適しており、他の方法ではできないような厚さも検査できる。

⑤ 浸透探傷試験では、表面付近の欠陥の発見方法は、放射線や超音波に比べて、非常に簡便。ただし、表面から数 mm 以上の内部欠陥は検知できず、強磁性体以外には使用できない。 *2R1

解答解説　**解答⑤**

⑤ は、磁粉探傷試験の記述。浸透探傷試験は、金属、非金属あらゆる材料の表面欠陥を調べることができ、検査費用も比較的安い。

供給テキスト P220 〜 221、224 〜 226 を参照

*1R2　放射線透過試験において、試験体の内部にきずがある場合、放射線フィルムで露光すると、きずのある部分は健全部より濃度が濃くなる。供給テキスト P217
*2R1　磁粉探傷試験における磁粉模様の幅は、きずの数倍から数十倍になるため、きずの幅が拡大され、容易にきずの存在を知ることができる。供給テキスト P221

供給 **7−5　溶接と非破壊試験**

溶接と非破壊試験に関する次の記述のうち、いずれも正しいものの組合わせはどれか。

a　被覆アーク溶接棒の心線は、大気中に放置すると水分を吸収し、ブローホール等の欠陥の原因となる。

b　溶接施工法は、溶接事業所又は工場ごとに確認を受けなければならない。

c 被覆アーク溶接とは、溶接棒と母材との間にアークを発生させ、その熱によって溶接棒のみを溶かすことにより溶接を行うものである。

d 磁粉探傷試験は、表面付近のきずの発見法として、非常に簡便であり、表面から数mm以内のきずの高さを容易に測定できる。

e 開先不良は、溶け込み不良や割れ等の原因となる。

① a、c ② a、e ③ b、d ④ b、e ⑤ c、e

解答解説 解答④

a 心線ではなく、被覆剤が水分を吸収し、ブローホール等の欠陥の原因となる。

c 溶接棒のみではなく、溶接棒と母材の一部を溶かし、溶接をする。

d 非常に簡便だが、きずの高さの測定は困難である。

類題 令和4年度乙種問16

供給テキスト P212、214、211、222、216を参照

供給 8-1 **漏えい検査とガス検知器**

ガス漏えい検査及びガス検知器に関する次の記述のうち、誤っているものはどれか。

① 半導体式ガス検知器は低濃度での検知感度が高いことから、家庭用ガス警報器や埋設管のガス漏えい調査に使用される。

② 水素炎イオン化式ガス検知器は、水素炎の中に可燃性ガスが入ると炎の電気伝導度が増大する現象を利用したものであり、すべての可燃性ガスを検知できる。

③ 接触燃焼式検知器は、電気抵抗が温度に比例することを利用したも

のであり、湧出メタンと都市ガスを識別するための検知器もある。

④　サーミスター式ガス検知器は、ガスと空気の熱伝導度が異なること
を測定原理としたものである。

⑤　埋設本支管の漏えい検査方法には、地表の空気を吸引しながらガス
検知器を用いて検査する方法のほか、ボーリングを行いガス検知器又
は臭気により検査する方法、圧力保持による方法がある。

解答解説　**解答②**

②　水素炎イオン化式ガス検知器は、検知器成分は、炭化水素に限られ、
無機化合物には感知されない（H_2、CO、N_2 等は検知できない）。
供給テキスト P227 ～ 229、232 ～ 234 を参照

供給　**8 - 2**　　**他工事管理（1）**

他工事管理に関する説明で、誤っているものはどれか。

①　保安措置には、移設、防護工事・管種変更、一時供給停止、防護措
置、薬液注入による地盤改良などがある。

②　管種変更は、ねずみ鋳鉄管やダクタイル管をポリエチレン管等に変
更する。

③　掘削により、ポリエチレン管が露出した場合は、熱や直射日光によ
り損傷、劣化などの可能性があり、原則としてさや管などによる防護
措置を施す。

④　内管の他工事管理において重要なものには、ガス設備の資産区分、
改装時の注意事項を記載したチラシの配布がある。

⑤　予め定められた時期、頻度で巡回を行い、漏えいの有無、防護措置
の異常の有無等について点検するとともに他工事の状況を把握する。

解答解説 解答②

② 管種変更は、ねずみ鋳鉄管をダクタイル鋳鉄管、ポリエチレン管等に変更する。

供給テキストP244～246を参照

 8-3 他工事管理（2）

他工事管理に関する説明について誤っているものはいくつあるか。

a 他工事の影響を受けるガス供給施設については、他工事企業者との協議に基づいて保安措置を講ずる。

b 工事中は、その工事方法、離隔距離、防護状況の確認のため立会をするのが望ましい。

c あらかじめ定めた適切な時期、頻度で巡回を行い、漏えいの有無、防護措置の異常の有無などについて点検するとともに、他工事の状況を把握する。

d 巡回や立会業務に従事する者に対しては、防護基準類、保安規程などについての教育・訓練を実施し、事故防止に努める。

e 他工事企業者に対しても、講習会等を通じて、ガスの知識、導管の知識、適切な保安措置等について周知を図る。

　　① 0　　② 1　　③ 2　　④ 3　　⑤ 4

解答解説 解答①

全て正しい。

供給テキストP243～246を参照

供給支障の原因に関する記述で、誤っているものはどれか。

- 凝縮水……精製過程を経て、冷却装置で冷却された送出ガスが、なお地中温よりも高い場合は、管内を流れる間に冷却され、①（ガスの温度が露点以下）になったとき、飽和されていた水分が管内に凝縮する。

- 地下水浸水……地下水圧が管内のガス圧力よりも高い場合に、導管の継手の不良箇所、腐食孔、亀裂口などから浸水する。従って、②（中低圧導管に発生）する現象である。＊R3

- サンドブラスト……上下水道管とガス管とが接近されて埋設されているとき、サンドブラスト現象が起きると、土砂混じり噴流がガス導管の管壁を貫通して、管内へ多量の水が浸入し、③（広範囲にわたる供給支障）を発生させる。

- 漏水判別器は、水分中の④（残留塩素）の量を判定して、管内に浸入した水が水道水か否かの判別を行う。

- ダストの飛散……ガス流量の変動に伴い、⑤（導管内のダストが飛散し、ガスメーターや整圧器のフィルターに付着して供給支障）となるケースがある。

解答解説　解答②

②　浸水（地下水の圧力）は、中圧導管には発生しない。ただし、サンドブラストは中圧でも発生する。

供給テキスト P259 ～ 262 を参照

＊R3　埋設部のガス漏えい個所を早期に発見し適切な修理を行うことは、地下水による浸水予防対策として有効である。供給テキスト P260

導管の維持管理に用いられる技術の説明で、誤っているものはいくつあるか。

a 漏えい磁束ピグとは、高圧導管の腐食減肉や他工事等で発生した管体の損傷を検査するために用いられる装置である。

b 管内カメラは、本支管内を観察し、管内の水たまりや漏れの状況から水の浸入状況を調査する機器である。

c 経年管対策を効果的・効率的に行うには、リスクマネジメント手法に基づき、経年管のリスクを考慮して行うことが有効である。

d パイプロケーターは、導管の埋設位置を間接的に検索するもので、一般的に用いられているのは、直接法を原理としている。

e 地中探査レーダーは、地中の埋設管を電磁波の反射により容易に探知する。

  ① 0 ② 1 ③ 2 ④ 3 ⑤ 4

解答解説 解答②

d パイプロケーターは、導管の埋設位置を間接的に検索するもので、一般的に用いられているのは、電磁誘導法を原理としている。露出した導管と電気的に接続可能な場合は、直接法の方が精度は優れている。

供給テキスト P234、243、261、264 を参照

導管の維持管理に関する次の記述のうち、誤っているものはどれか。

① 中圧管で腐食による漏えいが発生したため、低圧に減圧した後、緊急修理用バンドを用いて応急修理した。*R3

② 半導体式ガス検知器は、検知感度が高く、埋設管の漏えい検査に適している。

③ 亀裂・折損漏えい予防対策として、反転シール工法を採用した。

④ 需要家等からのガス漏えい通報に対しては、その内容に応じ、一般出動、緊急出動に区分し、適切な処理を行う必要がある。

⑤ サンドブラストによる供給支障は、大量の水道水が流入し続けることがあるので、広範囲に至る場合がある。

解答解説　　解答④

④ 需要家等からのガス漏えい通報に対しては、その内容に応じ、一般出動、緊急出動、特別出動に区分し、適切な処理を行う必要がある。

供給テキスト P233、238、250、261 を参照

*R3　鋼製修理バンド工法とは、管体の修理箇所に鋼製修理バンドをすみ肉溶接に取り付ける工法である。（緊急修理バンドとは異なる）供給テキスト P252

導管の維持管理に関する次の記述のうち、誤っているものはどれか。

① 低圧導管の管体に腐食孔が発生したので、恒久修理として樹脂ライニング系の更生修理工法を施した。*1R2　*2R2　*3R3　*4R4

② 低圧導管の管体に亀裂が発生したので、恒久修理として切断し取り

替えた。

③ 　地中探査レーダーは、地中に向けて電磁波を入射し、埋設管で反射した電磁波をとらえて埋設位置を探査するものである。

④ 　半導体式ガス検知器の検知可能なガスは可燃性ガスに限定されない。

⑤ 　地下水圧による継手部不良個所からの浸水は、一般に低圧導管に発生する。

解答解説　　解答①

① 　恒久修理として、割スリーブ、管体を切断し取替等を施す。

類題 　令和元年度問 17

供給テキスト P252、243、233、260 を参照

*1R2 　低圧管の腐食による漏えい修理には、金属テープによる外面シールが適用できる。（中圧管は不可）供給テキスト P252

*2R2 　樹脂ライニング系の更生修理工法は、本支管及び供内管の腐食漏えい予防として有効である。供給テキスト P238

*3R3 　更生修理工法施工済み導管についてモニタリングを実施し、材料の耐久性を確認する。供給テキスト P241

*4R4 　スプレーシール工法は、ガス栓等からシール剤を噴射することで、ねじ接合部の漏れを修理する工法である。供給テキスト P259

供給　9-1　　地震対策

地震対策に関する説明について誤っているものはいくつあるか。

a 　平常時において耐震性を有するガス設備の整備を行うのみではなく、緊急対策と復旧対策をバランスよく講じていくことが極めて重要である。

b 　非裏波溶接とは、昭和 37 年以前に用いられていた溶接方法で、溶融した金属が溶接した面の裏側まで溶け込んでいない。

c　液状化とは、通常は支持力のある地盤が、地震によって液体状になる現象を指し、粘土質地盤で多くみられる。

d　活断層は、断層の中で最近の地質時代に繰り返し活動し、将来も活動することが推定される断層を言い、地震の引き金となり得るものである。

e　建物内のガス配管の耐震性は、ガス配管の支持固定が重要な要素となる。

①　0　　　②　1　　　③　2　　　④　3　　　⑤　4

解答解説　　解答②

c　液状化とは、通常は支持力のある地盤が、地震によって液体状になる現象を指し、砂質地盤で多くみられる。

供給テキスト P271、273 ～ 275 を参照

供給 9-2　　耐震性評価

ガス管の耐震性評価について、（a ～ c）の組合せで最も適切なものはどれか。

（a）の耐震設計の考え方は、配管系の地盤変位吸収能力と（b）・埋設条件等を考慮して定めた設計地盤（c）とを比較することにより耐震性を評価する。

	a	b	c
①	高圧	管種	変位
②	中低圧	口径	能力
③	高圧	口径	変位

④　中低圧　　　管種　　　　変位

⑤　低圧　　　　管種　　　　能力

解答解説　　解答④

（a）中低圧の耐震設計の考え方は、配管系の地盤変位吸収能力と（b）管種・埋設条件等を考慮して定めた設計地盤（c）変位とを比較することにより耐震性を評価する。

供給テキスト P273 を参照

 9 − 3　　緊急措置の設備

緊急措置のための設備について、誤っているものはどれか。

①　需要家ごとの遮断装置には、マイコンメーター、メーターガス栓、引込管遮断装置、緊急ガス遮断装置等がある。

②　供給停止地区の極小化を図ることが重要であるため、統合ブロック（100km² 程度）や単位ブロック（20km² 程度）に分割しておく必要がある。

③　供給停止設備として、対象ブロック内の整圧器による方法、中圧ガス導管のバルブの閉止による方法、製造所やガスホルダーにおけるガスの送出遮断による方法等がある。

④　SI 値とは、地震の揺れには様々な周波数の波が含まれているが、このうち一般的な建物の揺れに大きな影響を与える周期が 0.1 〜 2.5 秒の揺れの強さの平均値を求めたもので、速度の単位カイン（cm ／ s）で表される。

⑤　ガス事業者は、ねじ接合鋼管の被害と相関が高い SI 値又は最大速度値の計測が可能な地震計を統合ブロックに 1 台以上設置する必要があ

る。

②　供給停止地区の極小化を図ることが重要であるため、統合ブロック（200km² 程度）や単位ブロック（50km² 程度）に分割しておく必要がある。

供給テキスト P276 ～ 277 を参照

供給 9-4　復旧対策

地震時の復旧対策について、正しいものはいくつあるか。

a　復旧基本計画で策定すべき事項は、復旧期間、復旧要員数、救援要員数、復旧組織と各隊の担当地域、必要資機材、復旧基地、移動式ガス発生設備による臨時供給先の選定などである。

b　復旧計画において、中圧の復旧は、低圧の送出源となるラインを優先する。

c　低圧導管網の復旧作業フローは、閉栓→ブロック化→エアパージ→被害修理→開栓の順である。

d　需要家支援として、カセットコンロの提供、移動式ガス発生設備等による臨時供給、仮設住宅への対応などが挙げられる。

e　作業の迅速化・効率化には、関係官庁・自治体・道路管理者等の協力、支援が必要不可欠であり、緊密な連携を取ることが重要である。＊R2

①　1　　　②　2　　　③　3　　　④　4　　　⑤　5

解答解説　解答④

c　低圧導管網の復旧作業フローは、閉栓→ブロック化→被害修理→エ

アパージ→開栓の順である。

供給テキスト P280 〜 282 を参照

＊R2　供給停止後、復旧までに相当の日数を要することが予想される場合は、需
要家の不安を取り除くため、復旧の見通し等について積極的に広報活動を行う。供
給テキスト P282

 供給 **9 − 5** **復旧作業フロー**

地震により低圧導管の供給を停止した地域の復旧作業の基本フローとし

て最も適切なものはどれか。

a　復旧ブロック化

b　本支供灯外内管のエアパージ

c　供給管切断

d　灯内内管の漏えい検査・修理

e　本支供灯外内管のテスト昇圧

f　本支供灯外内管の差水箇所修理・採水

g　本支供灯外内管の漏えい検査・漏えい修理

① 閉栓 → e → a → b → c → d → e → f
　→ g → 開栓

② 閉栓 → a → c → f → e → g → e → b
　→ d → 開栓

③ 閉栓 → a → c → f → b → e → g → e
　→ d → 開栓

④ 閉栓 → b → a → c → f → e → g → e

$\rightarrow$　d　$\rightarrow$　開栓

⑤　閉栓　$\rightarrow$　e　$\rightarrow$　g　$\rightarrow$　f　$\rightarrow$　a　$\rightarrow$　c　$\rightarrow$　e　$\rightarrow$　b

　　$\rightarrow$　d　$\rightarrow$　開栓

解答解説　　解答②

類題　令和4年度乙種問18

供給テキストP282を参照

供給 9-6　　移動式ガス発生設備

移動式ガス発生設備について、(a～c) の最も適切な組み合わせはどれか。 *R1

(a) 式……(a) ボンベ・カードルに圧縮・充填された熱量調整済、付臭済の (a) を供給する。

(b) 式……LPG ボンベからの発生ガス圧力を利用し、エジェクターにより大気中の空気を吸入し、LPG と混合して、送出する。

(c) 式……(c) 低温容器に充填された熱量調整済、付臭済の (c) を気化して供給する。

	a	b	c
①	PA	LNG	CNG
②	PA	CNG	LNG
③	LNG	PA	CNG
④	CNG	PA	LNG
⑤	CNG	LNG	PA

解答解説　　解答④

空気吸入式はPA式、圧縮ガス式はCNG式、液化ガス式はLNG式とも
称する。

供給テキストP283を参照

＊R1　移動式ガス発生設備は、災害時のみでなく、工事時におけるバイパス供給等
にも使用可能である。供給テキストP283

ガス技術科目　消費分野

消費 1-1　　ガスの性質と燃焼（1）

ガスの性質と燃焼に関して誤っているものはどれか。

① 標準状態のガス $1m^3$ を完全に燃焼させるために必要な最小の空気
量を理論空気量という。実際には、理論空気量だけでガスは完全燃焼
させることはできず、2～3倍の過剰空気が必要である。

② 都市ガスが燃焼した場合、可燃性成分は、酸素と反応し、炭酸ガス
と水蒸気が生成物として生まれる。

③ 乾き燃焼排ガス量とは、湿り燃焼排ガス量から燃焼による水の生成
物、空気中の水分を除いたものである。

④ 真発熱量とは、総発熱量から水蒸気の持っている潜熱を除いたもの
をいう。

⑤ 円形の孔のノズルから噴出するガス量は、エネルギー保存則から導
かれ、ノズルの口径の2乗に比例し、ガス圧力の平方根に比例する。

解答解説　　解答①

① 実際には、理論空気量だけでガスは完全燃焼させることはできず、
理論空気量の20～40%の過剰空気が必要である。

② 理論燃焼排ガス量は、都市ガスの成分が決まれば燃焼の化学反応式
により、計算で求めることができる。

日本ガス協会都市ガス工業概要消費機器編（以下、消費テキスト）P2～

4、6 ～ 7 を参照

 1 - 2　　ガスの性質と燃焼（2）

ガスの性質と燃焼に関する説明で、誤っているものはいくつあるか。

a　理論火炎温度より、実際の炎の温度は低い。

b　可燃性ガスは温度が一定であれば、圧力が上昇すると燃焼範囲は狭
　くなる。

c　燃焼限界に対する温度の影響は、温度が上昇すると反応速度が促進
　され、燃焼範囲は大きくなる。

d　不活性ガスを可燃性ガスに混合していくと、燃焼限界は狭くなる。
　また CO_2 は比熱が大きいため、燃焼範囲を狭くする効果が最も小さい。

e　燃焼範囲は、メタンより水素の方が広い。

　　　① 0　　　　② 1　　　　③ 2　　　　④ 3　　　　⑤ 4

解答解説　　解答③

b、d が誤り。

b　可燃性ガスは温度が一定であれば、圧力が上昇すると燃焼範囲は広
　くなる。

d　不活性ガスを可燃性ガスに混合していくと、燃焼限界は狭くなる。
　また、CO_2 は比熱が大きいため、燃焼範囲を狭くする効果が最も大き
　い。

消費テキスト P8 ～ 11 を参照

1-3　ノズル噴出量の計算

　円形のノズルから噴出するガス量について、ノズルの口径を3倍、ガス圧力を4倍にしたとき、ガス量は何倍になるか。次の値のうち、最も近いものはどれか。

① 　3　　　　　② 　6　　　　　③ 　12　　　　④ 　18　　　　⑤ 　32

解答解説　　解答④

　ガスの噴出流量Qと、ノズル口径D、圧力Pの関係は、ノズルの公式を変形して、　Q＝K・D²・$\sqrt{P}$で表され、ノズル口径Dの2乗に、圧力Pの平方根に比例する。

　従って、Q＝K×3²×$\sqrt{4}$＝K×9×2＝K×18

となり、ガス量Qは、18倍になる。

類題 令和2年度乙種問20

消費テキストP6を参照

消費 1-4　　燃焼速度

燃焼速度に関する説明で、誤っているものはどれか。

① 　燃焼速度とは、ガスの燃焼に伴う火炎が火炎面と垂直に未燃焼混合ガスの方へ移動する速度をいい、cm／sで表す。

② 　ガスの燃焼速度は、温度が高くなるほど、遅くなる。

③ 　ガスの燃焼速度は、ある一次空気率のときに最大となる。これを最大燃焼速度と言い、ガス固有の物性値である。

④ 　混合ガスの燃焼速度は、燃焼速度の速い水素ガスなどを多く含むほ

ど速くなる。 *R1

⑤　燃焼速度は、フラッシュバック、リフティングなどの燃焼上の現象
と密接な関係がある。

解答解説　　**解答②**

②　燃焼速度は、温度が高くなるほど、速くなる。

消費テキスト P12 を参照

*R1　最大燃焼速度は、メタンより水素の方が大きい。消費テキスト P12

消費 **1－5**　　**伝熱**

伝熱に関する説明で、誤っているものはいくつあるか。

a　熱が物体を伝わって高温側から低温側へ移る現象を熱の伝導とい
う。物体を構成している分子と熱が移動する。

b　熱伝導率は、物質の熱伝導のしやすさを表す数値で、個々の物質に
固有の値を持つ。

c　熱伝導率は、金属＞ガラス≧空気＞水の順であり、断熱材は熱伝導
率の小さいものが使用される。

d　熱せられた媒介物の移動によって熱が移っていく現象を熱の対流と
いう。流体特有の現象で、流体の運動によって熱が移動する。

e　入射する熱放射線を全部吸収するようなものを黒体という。黒体面
から放射される熱量は温度の 2 乗に比例する。　*R1

①　0　　　②　1　　　③　2　　　④　3　　　⑤　4

解答解説　　**解答④**

a、c、e が誤り。

a　熱が物体を伝わって高温側から低温側へ移る現象を熱の伝導という。物体を構成している分子自体は移動せず、熱のみが移動する。

c　熱伝導率は、金属＞ガラス≧水＞空気の順である。

e　入射する熱放射線を全部吸収するようなものを黒体という。黒体面から放射される熱量は温度の 4 乗に比例する。

消費テキスト P13 〜 14 を参照

＊R1　放射伝熱では高温物体から低温物体へ途中の空間を温めずに熱が伝達される。消費テキスト P14

消費　1-6　　熱効率

熱効率に関する記述で、誤っているものはどれか。

① 　ガスの燃焼による熱量は　入熱量＝有効熱量＋損失熱量　で表される。

② 　熱効率（％）は　有効熱量÷入熱量× 100　である。

③ 　コンロの熱効率は、瞬間湯沸かし器の熱効率より高い。

④ 　真発熱量は、総発熱量から潜熱分を引いた熱量である。

⑤ 　真発熱量基準の熱効率は、総発熱量基準の熱効率より値が大きい。

解答解説　　解答③

③ 　コンロの熱効率は 45 〜 56%、瞬間湯沸かし器は 75 〜 95% である。

⑤ 　13A ガスの場合　総発熱量／真発熱量≒ 1.1　程度となる。熱効率は、 熱効率＝有効熱量／入熱量　で入熱量は総発熱量または真発熱量で、有効熱量はどちらも変わらないため、真発熱量基準の方が熱効率は大きくなる。

消費テキスト P15 〜 16 を参照

消費 2−1 燃焼方式（1）

燃焼方式の説明で、正しいものはいくつあるか。

a 赤火式……ガスをそのまま大気中に噴出して燃焼させる方式で、燃焼に必要な空気は、すべて周囲から拡散によって供給される。この炎が冷たい表面に接触すれば、すすとなってその表面に付着する。

b セミブンゼン式……一次空気率が約 40% 以下の内炎と外炎の区別がはっきりできない燃焼方式。

c ブンゼン式……ガスがノズルから一定の圧力で噴出し、その時の運動エネルギーで空気孔から燃焼に必要な空気の一部分を吸い込み、混合管内で混合する。残りの必要な空気は炎の周囲から拡散によって供給される。＊R4

d 全一次空気式……燃焼に必要な空気の全部が一次空気のみで、これをガスと混合して燃やす方式である。フラッシュバックしにくい燃焼方式。

　　① 0　　　② 1　　　③ 2　　　④ 3　　　⑤ 4

解答解説 解答④

a、b、c が正しい。

d 全一次空気式……燃焼に必要な空気の全部が一次空気のみで、これをガスと混合して燃やす方式である。フラッシュバックしやすい燃焼方式。全一次空気式の燃焼方式は赤外線ストーブが該当する。

a 赤火式は、フラッシュバックしない。

c　ブンゼン式は、フラッシュバック及びリフティングの可能性がある
　　燃焼方式。

消費テキストP17 ～ 18を参照

*R4　ブンゼン式燃焼の炎口負荷には、一定の許容幅があり、炎口負荷の適正値は、
燃焼速度の速いガスはでは大きく、遅いガスでは小さくなる。消費テキストP206

消費 **2－2　　燃焼方式（2）**

燃焼方式の説明で、誤っているものはいくつあるか。

a　炎の長さは、短いものから順に「ブンゼン式―セミ・ブンゼン式―
　　赤火式」となる。

b　赤火式燃焼は、赤黄色の長炎で炎の温度は900℃前後である。

c　ブンゼン式燃焼は炎の温度が1,300℃と高く、外炎では、内炎で発
　　生した中間生成物が二次空気と接触することによって反応が進む。

d　セミ・ブンゼン式燃焼は、一次空気率が全一次空気式燃焼とブンゼ
　　ン式燃焼の中間で逆火しない。　*R1

e　高空気比での全一次空気式燃焼は、希薄予混合燃焼と呼ばれ、低
　　NOxバーナーに用いられる。

　　　　①　0　　　　②　1　　　③　2　　　④　3　　　⑤　4

解答解説　　解答②

dが誤り。

d　セミブンゼン式の一次空気率は、赤火式とブンゼン式の中間で、逆
　　火（さかび、ぎゃっか）はしない。

c　ブンゼン式燃焼は、消火音や燃焼音を発生することがある。

e　全一次空気式燃焼において空気比を高くすると、燃焼ガス温度が低下するため、NO_X 生成を抑制することができる。

消費テキスト P18 〜 21 を参照

*R1　セミ・ブンゼン燃焼式の炎の温度は、ブンゼン燃焼式に比べて低い。消費テキスト P17

（消費）　2－3　　燃焼方式（3）

燃焼方式の説明で、正しいものはどれか。

a　コンパクトな燃焼空間で、ガスと空気の混合気を瞬時に燃焼させ、その膨張圧力で排気ガスを排出した後、圧力差によって新しいガスと空気を吸引し、その混合気を再び燃焼させるというサイクルを繰り返す。

b　可燃性ガスと酸素の反応を促進させる固体触媒を使用し燃焼させる方式である。NO_X を発生させることなく、遠赤外線に富む赤外線を高効率で発生させる。

c　全一次空気式バーナーとブンゼンバーナーを交互に配置させた構造となっている。低 NO_X 化と保炎性を両立する。

d　燃焼用の空気をファンで強制的に送り込み、バーナー先端部でノズルから噴出されるガスと燃焼させる燃焼方法である。

①　a パルス燃焼　　b 濃淡燃焼　　　c 触媒燃焼　　　d ブラスト燃焼

②　a パルス燃焼　　b 触媒燃焼　　　c 濃淡燃焼　　　d ブラスト燃焼

③　a ブラスト燃焼　　b 触媒燃焼　　　c パルス燃焼　　　d 濃淡燃焼

④　a ブラスト燃焼　　b 濃淡燃焼　　　c パルス燃焼　　　d 触媒燃焼

解答解説　　解答②

c　NOx低減を目的とした濃淡燃焼バーナーでは、濃バーナーより淡バーナーの方が混合気の空気比は高く、火炎は長い。

b　触媒燃焼バーナーでは、触媒マットを用いた全二次空気燃焼方式により、600℃以下の温度でガスを燃焼することができる。

消費テキスト P19 ～ 20 を参照

消費　2－4　　不完全燃焼の原因

不完全燃焼の原因について、誤っているものはどれか。

① 空気との接触、混合が不十分

② 過大な空気量

③ 排気の排出不良

④ 炎が低温度の物に接触

⑤ すすの発生

解答解説　解答②

② 十分な空気が供給されず、反応が最後まで完結しないで反応途中の中間生成物を発生している状態を不完全燃焼という。過大な空気ではなく、その逆の過大なガス量・必要空気量の不足である。

⑤ 煤（すす）の発生は熱交換器の目詰まりの原因となり、熱効率を低下させるだけでなく、燃焼状態を悪化させ、一酸化炭素の発生を増大させるおそれがある。

消費テキスト P22 を参照

2－5　　ガス燃焼時の諸現象

ガス燃焼時の諸現象について、誤っているものはいくつあるか。

a　炎が炎口をくぐり抜けてバーナーの混合管内に燃え戻る現象をフラッシュバックという。

b　炎がバーナーより浮き上がって、ある距離をへだてた空間で燃える現象をイエローチップという。

c　炎の先端が赤黄色になって燃えている現象をリフティングという。

d　燃焼騒音とは、火炎の乱れがない場合はほとんど発生せず、炎が乱れるとその乱れ強さの増加とともに大きくなる。

e　火移り不良は、一部の炎口のつまり等で炎と炎の間隔が開きすぎている時にも発生することがある。

　　　①　0　　　②　1　　　③　2　　　④　3　　　⑤　4

解答解説　　解答③

b、cが誤り。

b　炎がバーナーより浮き上がって、ある距離をへだてた空間で燃える現象をリフティングという。

c　炎の先端が赤黄色になって燃えている現象をイエローチップという。

消費テキスト P22 ～ 24 を参照

消費　**2－6　　ガスの燃焼（1）**

ガスの燃焼に関する次の記述のうち、誤っているものはいくつあるか。

a　ガスグループの分類における 13A のウォッベ指数と燃焼速度指数

の領域は、12A の領域とは重なっていない。

b　バーナーでガスを良好に燃焼させることができるインプットと一次空気率の組合せは、一定範囲内に限られる。

c　ブンゼンバーナーをインプットの高い範囲で良好燃焼させた状態から、一次空気率を下げると不完全燃焼が発生するおそれがある。

d　ブンゼンバーナーにおいて、混合ガスの温度が極端に上昇するとリフティングが発生する。

e　ブンゼンバーナーの一次空気ダンパーの開きすぎは、フラッシュバック並びにリフティングいずれの原因にもなり得る。

　　　① 0　　　② 1　　　③ 2　　　④ 3　　　⑤ 4

解答解説　　**解答③**

a、d が誤り。

a　ガスグループの分類における 13A のウォッベ指数と燃焼速度指数の領域は、12A の領域と一部重なっている。

d　温度が上昇し、燃焼速度が速くなると、フラッシュバックが発生する。

類題　平成 29 年度乙種問 20

消費テキスト P22、26 〜 29 を参照

消費 2-7　ガスの燃焼（2）

ガスの燃焼に関する次の記述のうち、誤っているものはどれか。

①　ガスの燃焼は酸化反応であり、反応が最後まで完結しないで中間生成物（一酸化炭素、水素、アルデヒド等）が発生している状態を不完

全燃焼という。

② ブンゼンバーナーにおいて、ガス圧が異常に低下したり、ノズルが詰まったりしてガス量が極端に少なくなると、フラッシュバックが発生する。

③ 機器の燃焼室内の給排気不良により二次空気が極端に減少すると、リフティングが発生する。

④ 燃焼反応が十分な速さで進まないと、イエローチップが発生する。

⑤ 燃焼速度が遅くなると、燃焼騒音は大きくなる。

解答解説 解答⑤

⑤ 燃焼速度が速くなると、燃焼騒音は大きくなる。燃焼騒音を抑制するには、バーナーから噴出する混合気中の乱れを小さくする。また空気比を大きくすると燃焼速度は低下し、騒音レベルを低く抑えることができる。

類題 令和2年度乙種問19

消費テキスト P22 ～ 24 を参照

消費 **2-8 リフティングの原因**

ガス燃焼時生ずるリフティングに関する次の記述のうち、誤っているものはどれか。

① バーナー内のガス圧が高過ぎて、ガスが出過ぎる。

② 一次空気の吸引が多過ぎて、混合ガス量が増え過ぎる。

③ 燃焼室内の給排気不良により、二次空気が極端に減少する。

④ バーナー部分が高温になり、そこを通る混合ガスの温度が上がり過ぎる。

⑤　バーナーの炎口が詰まって、炎口の有効断面積が極端に小さくなる。

解答解説　　解答④

④　フラッシュバックの原因となる。

リフティングは、噴出速度に比べて、燃焼速度がバランス点以下に遅くなった時、又は燃焼速度に比べて噴出速度がバランス点を超えて速くなったときに起きる。

類題　令和3年度乙種問20

消費テキストP22〜23を参照

消費　**3-1**　　**家庭用厨房機器（1）**

家庭用厨房機器の説明で誤っているものはどれか。

①　SIセンサーこんろは、標準搭載機能として、調理油過熱防止機能、立ち消え安全装置、消し忘れ消火機能、早切れ防止機能が搭載されている。

②　油物調理時に温度センサーが鍋底の温度を見張り、油が発火する以前にガスを止め消火するのが調理油過熱防止装置である。

③　調理油過熱防止機能の温度センサーを利用して、油温度調節機能、炊飯機能等が実現している。

④　コンビネーションレンジとはガス高速オーブンに電子レンジ機能が内蔵されたもので、自動加熱調理機付きは赤外線センサーで食品の温度を検出する。

⑤　ガス炊飯器の自動消火装置には、現在はフェライト式自動消火装置だけが使われている。

解答解説 解答⑤

⑤ ガス炊飯器の自動消火装置には、現在はフェライト式自動消火装置とサーミスタ式自動消火装置が使われている。

消費テキスト P61、63、68 ~ 69、72 を参照

消費 3 - 2 家庭用厨房機器（2）

家庭用厨房機器の説明で誤っているものはどれか。

① ガスコンロに内蔵されているグリルでは多機能化が進み、専用の容器を用いることでオーブン料理ができる機能が商品化されている。 *R1

② ガスコンロには、鍋なし検知機能、地震や激しい衝撃を受けたときに自動消火する感震自動消火装置が装備されているものがある。

③ 現在製造されている家庭用ビルトインコンロは、ガス事業法で定められているガス用品の規制対象であり、全口に調理油過熱防止装置を標準で搭載している。

④ コンロ、ストーブ、衣類乾燥機はいずれもガス用品に指定されている。

⑤ コンビネーションレンジの赤外線センサーは、食品から出た赤外線をとらえ、赤外線の量に応じ、微弱な電圧を発生させ、温度を検出する。

解答解説 解答④

④ コンロ、ストーブはガス用品だが、衣類乾燥機は入っていない。

消費テキスト P42、61 ~ 62、64、67、72 を参照

*R1 こんろに内蔵されたグリルを調理で使う場合、グリル皿に水を張る必要がな

いものがある。消費テキスト P67

家庭用ガス機器等に関する説明で誤っているものはいくつあるか。

a Si センサーコンロの普及で、2015 年には、2007 年比でガスコンロ
火災は約 2 割減少した。

b ガスグリドルは、直火で加熱したプレートによって、放射熱で調理
する機器である。

c 床暖房のガス給湯温水熱源機は、ガス用品ではない。

d 自己排気リサイクル検知機能とは、NO_X 対策のため、燃焼排ガスを
再び燃焼用空気として使用することを検知する機能である。

e 長期使用製品安全制度は、特定保守製品の経年劣化によるリスクに
ついて、注意喚起表示を推奨する制度である。

① 1   ② 2   ③ 3   ④ 4   ⑤ 5

解答解説　解答⑤

全て誤り。

a ガスコンロ火災は約 4 割減少した。

b ガスグリドルは、伝導熱で調理する機器である。

c 床暖房のガス給湯温水熱源機は、ガス用品に含まれる。

d 自己排気リサイクル検知機能とは、波板等で囲われた空間で機器を
使用した場合、酸欠状態を自動検知し、不完全燃焼を防止する機能で
ある。設問の NO_X 対策は、自己ガス再循環のこと。

e 経年劣化によるリスクについて、注意喚起表示を義務化する制度で

ある。

消費テキスト P42、61、67、76 を参照

(消費) 3-4　暖房機器、衣類乾燥機

暖房機器、衣類乾燥機に関する説明で誤っているものはどれか。

① ガスファンヒーターには、フィルター等の詰まりによって機器が過熱状態になったことを検知するためのサーミスターが装備されている。 *1R1

② FF暖房機は燃焼用空気を屋外から取り入れ、燃焼排気も屋外に排出する密閉燃焼型の機器であり、気密性が高く、長時間使用する部屋でも酸欠などによる事故を防止できる。

③ スケレトンが金網製の金網ストーブは、金網が経年劣化や外力による変形で火炎に接触し、火炎温度が低下するなどの理由により不完全燃焼を起こすことがある。 *2R2

④ ガス衣類乾燥機には、過熱防止装置、回転ドラムベルト切れ安全装置、ドアスイッチ等の安全装置があるが、冷却は自然冷却方式になっている。

⑤ ガス衣類乾燥機には、乾燥の際に衣類から出た水分を含む湿り空気を排出するために、排湿筒が取り付けられるようになっている。

解答解説　解答④

④ 乾燥運転終了後、油の付着したタオルや衣類が自然発火しないよう、衣類の温度を下げる運転をする冷却運転機能が取り入れられている。

消費テキスト P116 ～ 124 を参照

*1R1　ファンヒーターでは、フィルター等の詰まりにより機体が過熱状態になる

191

と、フィルターサインが点滅する。消費テキスト P117

*2R2　赤外線ストーブには、放射体としてセラミックプレートを用いたものと、特殊耐熱鋼金網を用いたものとの2種類がある。消費テキスト P121

消費　3-5　家庭用ガス機器（1）

家庭用ガス機器に関する次の記述のうち、誤っているものはどれか。

①　マイコンタイマー式炊飯器は、炊き分け機能、早炊き機能等を有し、自動的にガス量や燃焼時間をコントロールしながら炊き上げるものである。

②　FF暖房機では一般に、給気管は軟質塩化ビニール製、排気管はステンレス鋼板製である。

③　回転ドラム式衣類乾燥機は、空気で希釈された燃焼排ガスにより、ドラムの中の洗濯物を直接乾燥させるものである。

④　ファンヒーターには、不完全燃焼防止装置が搭載されているので、使用に際して換気をする必要はない。

⑤　Siセンサーコンロの標準搭載機能は、調理油過熱防止装置、立ち消え安全装置、消し忘れ消火機能、早切れ防止機能である。

解答解説　　解答④

④　屋内の空気を燃焼に用いて屋内に排気を行うため、使用に際して換気が必要である。

類題　令和3年度乙種問22

消費テキスト P70、120、123、30 を参照

消費 3-6 家庭用ガス機器（2）

家庭用ガス機器に関する次の記述のうち、誤っているものはどれか。

① ガスコンロの熱効率は、省エネ法に基づくトップランナー基準の導入以降、炎の広がりを抑える、鍋底との距離を近づける等の改良により向上した。

② ガスオーブンは、熱風をファンによって強制的に撹拌しているため、調理時間が早く、一度に多量の調理ができる。

③ ＦＦ暖房機には、立ち消え安全装置、点火時安全装置、転倒時安全装置等の安全装置が搭載されている。

④ ファンヒーターでは、設定温度とセンサーで検知した室温との温度差分を電気量に変換することで比例弁を駆動させ、ガス量に比例して対流ファン風量を制御する。

⑤ 回転ドラム式衣類乾燥機には、接触した衣類の抵抗値を測定して、湿り具合を判断する乾燥センサーが搭載されている。

解答解説 解答③

ＦＦ暖房機には、立ち消え安全装置、点火時安全装置、過熱防止装置、排気筒外れ検知装置等のの安全装置が搭載されている。

類題 令和4年度乙種問21

消費テキストP65、71、120、118、124を参照

消費 3-7 家庭用コージェネレーション

家庭用コージェネレーションに関する説明で誤っているものはいくつあるか。

a 日本の家庭用エネルギーの消費量は 2015 年度で、1973 年度比 1.9 倍になっており、エネルギー消費を抑えることが重要である。

b 家庭用コージェネレーション PEFC の主な装置は、ガスエンジン＋発電機の組合せである。 *R1

c SOFC は、発電効率が低く、熱の利用が必須であり、電力需要に合わせ、熱を余らせないように運転しながら、温水が必要量に達した時、発電を停止する。

d SOFC は、PEFC と同様、CO 変成器や CO 選択酸化器を備えている。

e 集合住宅向けのエネファームは耐震性能や耐風性能が向上しており、パイプシャフトやバルコニーに設置されるのが一般的である。

① 1　　　② 2　　　③ 3　　　④ 4　　　⑤ 5

解答解説　　**解答③**

b、c、d　が誤り。

b PEFC の主な装置は、燃料処理装置＋燃料電池の組合せである。設問文はエコウイルである。

c 説明文は、PEFC である。

d SOFC は、作動温度が高温で、CO も発電に利用できるため、CO 変成器などは備えていない。

a 日本のエネルギー消費は、90 年代までは一貫して増え続け、04 年度がピーク。産業部門が 15 年度は 73 年度比 0.8 倍と減少。家庭部門が 1.9 倍、業務他部門が 2.4 倍と大きく増加。今後は、家庭用・業務他部門の省エネが重要。

消費テキスト P 126、127、132、134 を参照

*R1 家庭用コージェネレーションの発電効率は、ガスエンジン式より燃料電池式の方が高い。消費テキスト P127

消費 **3−8** **家庭用燃料電池コージェネレーション**

家庭用燃料電池コージェネレーションシステムに関する次の記述のうち、正しいものはどれか。 ＊1R1 ＊2R3

① 都市ガスから水素を生成する方法として水蒸気改質法があるが、反応に水が必要なため、ほとんど使われていない。

② 運転制御は、家庭におけるエネルギー需要の過去のデータをもとにエネルギー使用量を予測するが、運転時間帯までは決定しない。

③ PEFCコジェネレーションシステムの場合、貯湯ユニットの貯湯タンクに貯める温水の温度は75℃程度である。

④ PEFCの燃料処理装置で造られる改質ガスに含まれる一酸化炭素は、所定の濃度以下にする必要がある。

⑤ PEFCは、電解質に液体の高分子溶液を使用している。

解答解説 **解答④**

① 水蒸気改質法は生成する水素濃度が高く、発電効率を高くしやすいため、主流になっている。

② 家庭におけるエネルギー需要の過去のデータをもとにエネルギー使用量を予測し、運転時間帯を決定する運転制御を組み込んでいる。

③ 貯湯タンクに貯める温水の温度は60〜70℃程度である。

⑤ PEFCの電解質は固体高分子である。

消費テキスト P128〜130、134を参照

＊1R1 家庭用コージェネレーションには、発電運転中に停電が発生した時でも運転を継続し、家庭に電力を供給できるものがある。消費テキスト P134

＊2R3 家庭用燃料電池システム（エネファーム）には、停電時発電継続機能やIOT技術を活用した遠隔監視機能を搭載したものがある。 消費テキスト P134

第5章 ガス技術科目 消費分野

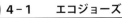

エコジョーズの潜熱回収に関する説明で、誤っているものはどれか。

① 従来の熱交換器の上部にもう一つの熱交換器を組み込み、潜熱を有効に回収したため、200℃の排気が 40 〜 50℃に低下した。

② 従来型の給湯器の熱効率は 80% 程度であったが、潜熱回収型では熱効率は 95% となった。

③ 潜熱回収により発生する凝縮水が燃焼排ガスのNO_X等に溶け込み、強酸性となり、腐食が進むため、材質をチタンやステンレスに変更し、耐久性を向上させた。

④ 潜熱回収型給湯器には、凝縮水の pH を 5 〜 9 に改善できる中和器が組み込まれている。*R3

⑤ 下水道法では、事業場、家庭等における排水を pH5 〜 9 にするように規定されている。このため、潜熱回収型給湯器は、下水道法を満たす水質に改善している。

解答解説　**解答⑤**

⑤ 下水道法では、事業場等における排水を pH5 〜 9 にするように規定されている。一般家庭では規定はないが、潜熱回収型給湯器は、下水道法を満たす水質に改善している。

消費テキスト P76 〜 77 を参照

*R3　潜熱回収型給湯器の中和器内では、炭酸カルシウムと排ガス凝縮水中の硝酸水との反応により、硝酸カルシウムが生成される。消費テキスト P76

温水機器の制御技術に関する記述で、誤っているものはどれか。

① 高温出湯防止装置の熱湯遮断弁は、形状記憶合金のばね等でお湯の回路を遮断する形状となっている。

② 給湯器の給排気通路の閉塞状態をセンサーで検知し、閉塞レベルに応じた安全動作をするものを自己診断機能という。 ＊1R3 ＊2R4

③ 出湯温度情報からリモコン設定温度と比べて温度差がないか調べ、差がある場合補正するのは、フィードフォワード制御である。

④ 冷水サンドイッチ現象を解消するのはQ機能である。

⑤ 設定水位でストップするのは水位センサー、設定水量でストップするのは水量センサーである。

解答解説　　解答③

③ この制御は、フィードバック制御である。給湯器のフィードフォワード制御とは、リモコンで設定した給湯温度、水量センサーからの流量、入水サーミスタからの水温などから最適なガス量とファン回転数をマイコンが演算し、最適な運転条件を設定する、これがフィードフォワード制御である。

⑤ 追い焚き回路中に水位センサーが内蔵されている風呂給湯器では、浴槽の循環口から水面までの水頭圧を計測することにより、水位監視が可能である。

消費テキスト P75、79 ～ 83、158 を参照

＊1R3　給湯器の自己診断機能には、給排気通路の閉そく状態を検知する方法として、燃焼状態により診断する方法と給気ファンの風量低下により診断する方法がある。消費テキスト P80

＊2R4　自己診断機能には、給気ファンの回転数と電流値を計測し、給排気通路の閉そく状態を診断する方法がある。消費テキスト P80

4-3　家庭用温水機器（2）

家庭用ガス温水機器に関する次の記述のうち、誤っているものはどれか。

① 現在販売されている開放式小型湯沸器には、不完全燃焼防止装置が複数回連続して作動したときに、通常の操作による再点火ができなくなるインターロック機能が搭載されている。

② 大型給湯器には、養生シートや雪等で排気口が閉そくされた場合、点火前に閉そくを検知して点火動作に入らないようにする安全機能を備えたものがある。

③ 給湯暖房用熱源機の暖房回路には、循環水の膨張を吸収するためにシスターンが搭載されている。

④ ふろ給湯器は、湯張り運転中に台所等にお湯を供給できない。

⑤ ＢＦ式ふろがまでは、給排気のバランスが崩れると不完全燃焼や立ち消えが発生するおそれがあるため、給排気筒トップの周囲に障害物があってはならない。

解答解説　解答④

④ ふろ給湯機器とは、瞬間湯沸器とふろがま両方の機能を持ったものをいう。ふろ給湯器は、湯張り運転中でも台所等でのお湯の使用はできる。

類題 平成 30 年度甲種問 22

消費テキスト P168、75、102、97、96 を参照

 4-4　家庭用ガス機器

家庭用ガス機器に関する次の記述のうち、誤っているものはどれか。

① Q機能を搭載した瞬間湯沸器では、冷水サンドイッチ現象を緩和し、安定した湯温を得ることができる。

② 瞬間湯沸器のメインバーナーには、炎が短く燃焼室を小さくできるブンゼンバーナーが一般に用いられる。

③ ふろ給湯器の設置方式は、浴室隣接設置形に限定される。

④ ハイブリッド給湯器は、電気ヒートポンプと潜熱回収型ガス給湯器で必要なお湯の量に合わせて効率的に運転を行うシステムである。

⑤ エコーネットライトは、HEMSとガス機器（燃料電池等）との接続に利用できる標準通信仕様である。

解答解説　**解答③**

③ ふろ給湯器の設置方式は、浴槽のそばに設置する浴室隣接設置形と、設置場所に制限を受けない設置フリー形がある。

類題 令和2年度乙種問21

消費テキストP82、86、89、98、106を参照

消費 **4-5　湯沸器・風呂**

湯沸器・風呂がまの説明で、誤っているものはいくつあるか。

a 先止め式は、湯を使用する場所に設置するもので、元止め式は、複数の水栓に給湯できる。 *R1

b 瞬間湯沸かし器の能力を示す「号数」は、1号は、水温から25℃上昇させたお湯を1分間に1ℓ出せる能力である。

c 湯温調節の水量サーボ式とは、常に能力いっぱいのガスを燃焼させ設定温度になるように入水量を制御する方式である。

d BF式風呂釜は、給排気のバランスを崩すと不完全燃焼や立ち消えの

原因となるので、給排気トップの周囲に障害物があってはならない。

e 壁貫通式風呂釜は、主に BF‑DP 式風呂がまの取り替え用に用いる。

  ① 0   ② 1   ③ 2   ④ 3   ⑤ 4

解答解説 解答③

a 元止め式は、湯を使用する場所に設置するもので、先止め式は、複数の水栓に給湯できる。

e 壁貫通式風呂釜は、BF 式の取り替え用で、浴槽を 30cm 大きくでき、シャワー・給湯使用時に追いだきが可能である。BF‑DP 式の取り替え用ではない。また、CF 式は、給排気筒トップの外径が同じため、BF‑DP 式に取り替えが容易である。

消費テキスト P86 ～ 87、93、96、99 を参照

*R1 瞬間湯沸器には元止め式と先止め式があり、RF 式瞬間湯沸器は先止め式である。消費テキスト P86

消費 **4‑6** **給湯暖房熱源機**

給湯暖房用熱源機に関する説明で、誤っているものはどれか。

① 2 缶 3 水とは、熱交換器が 2 つ、回路が給湯、ふろ、暖房の 3 つで構成される。

② 暖房温水循環回路で冬季に湯温は高温になり、膨張し、圧力が増す。この膨張を吸収するのが、シスターンである。また、温水循環水の漏水は空だきになる恐れがあるため、シスターンの水位を監視し、漏えいを判断している。これを漏水検知機能という。

③ 熱動弁は、弁を急激に開閉すると、ウオーターハンマー等の恐れが

ある。

④　セントラルヒーティングの低温度と高温度を混合して２種類の温度の温水を同時に利用できる機能を二温度コントロールという。

⑤　ハイブリッド給湯器とは、電気ヒートポンプと潜熱回収型ガス給湯器で必要なお湯の量に合わせて効率的に運転を行うシステムである。

解答解説　　解答③

③　熱動弁は、弁の動きは緩やかで、ウオーターハンマー等が生じない。

なお、①２缶３水の給湯暖房熱源機では、一般的に追いだきは暖房循環水と浴槽水との熱交換により行われる。

消費テキスト P101 〜 102、104 を参照

消費　4−7　　**給湯暖房システム**

給湯暖房システムに関する説明で、誤っているものはいくつあるか。

a　暖房用放熱器のファンコンベクターは、室内の冷気を熱交換器で加熱し、ファンにより強制対流で、温風を供給する。

b　ガス温水床暖房は、足元から暖かく、ヒートショックがない　様な室温が得られる。

c　浴室暖房乾燥機のミストサウナは、浴室内に温風供給する浴室暖房を行いながら、温水を微細噴霧することで浴室内をミストサウナ空間にする機能である。

d　浴室は法改正により新築・増改築時には、24 時間機械換気設備の設置が義務付けられた。また、機械換気方式は第３種として位置付けられることが多い。

e　放熱器には、ファンによる強制対流のファンコンベクターと、輻射・

自然対流のパネル形又はパイプ形の温水ラジエーターがある。

①　0　　②　1　　③　2　　④　3　　⑤　4

解答解説　　解答①

全て正しい。

浴室暖房乾燥機は、生活シーンに合わせて暖房、乾燥、涼風、換気の4つの機能を備えている。加えて、24時間換気の機能を搭載したものもラインナップされている。

消費テキストP110、113、115を参照

消費 5-1　立ち消え安全装置

立ち消え安全装置に関する説明で、正しいものはどれか。

①　省令で、湯沸器、ふろがま、ストーブ、コンロ等のガス用品には、立ち消え安全装置が推奨されている。

②　フレームロッド式とは、異なった2種類の金属を接合させて加熱すると、熱起電力が発生し電流が流れる。この金属の組み合わせをサーモカップルといい、その起電力を利用して炎の検知を行う方式である。

③　熱電対式とは、炎の導電性と整流性を利用して、炎の検知を行う方式である。

④　フレームロッド式は、熱電対に比べ、応答速度が速く、炎の誤検知もない。

⑤　立ち消え安全装置は、FF暖房機は熱電対、ファンヒーターはフレームロッドが採用されている。

解答解説　解答④

① 省令で、湯沸器、ふろがま、ストーブ、コンロ等のガス用品には、立ち消え安全装置が義務付けされている。

② 熱電対式とは、異なった2種類の金属を接合させて加熱すると、熱起電力が発生し電流が流れる。この金属の組み合わせを（サーモカップル）といい、その起電力を利用して炎の検知を行う方式である。

③ フレームロッド式とは、炎の導電性と整流性を利用して、炎の検知を行う方式である。

⑤ FF暖房機はフレームロッド、ファンヒーターは熱電対が採用されている。

消費テキストP117、120、150〜152を参照

消費 5－2　　**過熱防止装置**

過熱防止装置などの説明で、誤っているものはどれか。 *1R1

① 過熱防止装置とは、ふろがま、湯沸器の熱交換器及び機器本体が異常に高温になった場合、ガス通路を閉じてガス機器の作動を停止させる働きをする。

② バイメタル式は、リミットスイッチといわれ、器体または熱交換器等に取り付けられている。異常温度を感知しバイメタルの反転を利用して回路を遮断する。

③ 温度ヒューズ式は、炎あふれ等により、温度ヒューズ取り付け部分の雰囲気温度が異常に高くなった場合にヒューズが溶断し、回路を遮断する。

④ 空だき安全装置とは、温水機器やふろがま内に水がない場合、バーナーのガス通路を開けずに空だきにならないようにする安全装置であ

る。 *2R4

解答解説　解答④

④　空焚き安全装置とは、温水機器やふろがま等が空焚きした場合、温
　水機器やふろがまが損傷する以前に自動的にバーナーへのガス通路を
　閉ざす安全装置である。問題文④は、空焚き防止装置の説明である。

なお、水量センサー方式の空焚き防止装置では通水量が一定以上になら
ないとガス電磁弁が開かない、またバイメタル式の空焚き安全装置は、熱
伝導率の異なる金属を用いる。

消費テキスト P145、152 ～ 158 を参照

*1R1　機器を過熱させないことを目的として搭載されている安全装置には、過熱
防止装置、空だき安全装置、残火安全装置等がある。消費テキスト P145

*2R4　温水機器の空だき防止装置には、水位スイッチ（ダイヤフラム式）、水流
スイッチ（ダイヤフラム式、マグネット式）、水量センサーがある。消費テキスト
P154

消費 **5－3**　　**不完全燃焼防止装置**

不完全燃焼防止装置の説明で誤っているものはいくつあるか。

a　法令で不完全燃焼防止装置は、開放式瞬間湯沸器は、排ガス中の体
　積 CO% が 0.03% 以下、ストーブは 0.05% 以下でガス通路を閉ざすこ
　とになっている。

b　ファンヒーターでは熱電対式とフレームロッド式があるが主流はフ
　レームロッド式で、赤外線ストーブでは熱電対式のみである。

c　開放式湯沸器の熱電対式では、フィン詰まり時には炎の伸びが長く
　なる変化に着目し、酸欠時には内胴圧力の変化に着目している。 *R3

d　CF 式ふろがまでは、熱電対式（雰囲気検知式）とサーミスタ式（排

気逆流検知式）があり、2個のサーミスタの排気温度の変化で逆流を検知するのは、サーミスタ式である。

e　不完全燃焼排ガス用のガス検知センサーは、CO ガス濃度を測定して検出する。

　　① 1　　　② 2　　　③ 3　　　④ 4　　　⑤ 5

解答解説　　解答②

b、c が誤り。

b　ファンヒーターは熱電対式とフレームロッド式があるが主流は熱電対式で、赤外線ストーブでは熱電対式のみである。

c　開放式湯沸器の熱電対式では、酸欠時には炎の伸びが長くなる変化に着目し、フィン詰まり時には内胴圧力の変化に着目している。

消費テキスト P161 〜 167 を参照

*R3　開放式小型湯沸器の不完全燃焼防止装置には、逆バイアス熱電対が用いられている。消費テキスト P163

消費 5-4　ガス機器の安全装置（1）

ガス機器の安全装置についての説明のうち、誤っているものはどれか。

①　再点火防止装置とは、不完全燃焼防止装置が起動するまでの時間の繰り返し使用により、装置が故障するなどの現象を防止するため、不完全燃焼防止装置が一度作動した際に、機器の再点火を防止するものである。

②　転倒時安全装置とは、ファンヒーターでは、傾斜を鋼球の移動で検出してガス回路を遮断するものである。　*1R1

③ 調理油過熱防止装置とは、サーミスタにより鍋底の温度を検知してガス回路を遮断する。 *2R1

④ 残火安全装置には、バイメタル式とサーミスタ式がある。

⑤ 凍結予防装置とは、通水路の残留水を循環させる方式や電気ヒーターで加温する方式がある。

解答解説　　解答①

① 再点火防止装置とは、不完全燃焼防止装置が起動するまでの時間の繰り返し使用により、装置が故障するなどの現象を防止するため、不完全燃焼防止装置が複数回作動した際に、機器の再点火を防止するものである。

消費テキスト P158 ～ 159、168、172 を参照

*1R1　電気制御回路を持たないガスストーブには、主に転倒バルブ方式の転倒時安全装置が搭載されている。消費テキスト P168

*2R1　調理油過熱防止装置は、現在販売されている家庭用こんろ（卓上型の一口コンロを除く）の全口に搭載されている。消費テキスト P172

消費 **5－5　ガス機器の安全装置（2）**

ガス機器の安全装置に関する次の記述のうち、正しいものはどれか。

① 熱電対式立ち消え安全装置は、炎の導電性と整流性を利用して炎の有無を検知する。

② バイメタル式過熱防止装置は、温度の異常上昇で合金が溶融し、電気回路を切ってガスを遮断する。

③ CO センサー式不完全燃焼防止装置には、接触燃焼式、半導体式及びサーミスター式がある。

④ BF 式ふろがまに搭載されている冠水検知装置には、電極式とフロー

ト式がある。

⑤　ふろがまに搭載されている空だき安全装置には、温度ヒューズ式と熱電対式とがある。

解答解説　　解答④

①　設問文は、フレームロッドの説明である。

②　設問文は、温度ヒューズ式の説明である。

③　ＣＯセンサー式不完全燃焼防止装置には、接触燃焼式、半導体式及び固体電解質式がある。

⑤　ふろがまに搭載されている空だき安全装置には、バイメタル式とサーミスター式がある。

類題　平成 30 年度乙種問 27

消費テキスト P151、153、154、166 を参照

消費 5－6　　**制御装置**

制御装置の説明で、誤っているものはどれか。

①　ガス量制御では、多段式には、バーナー切り替えとガス量切り替えがあり、比例制御式には、コイルを固定、可動するタイプがある。*R3

②　空気量制御では、段階切り替え、連続制御の方式がある。

③　水量制御のワックス式サーモエレメントとは、エレメント内にワックスサーモを封入して、温度変化によるワックスの膨張、収縮を利用して水量を制御するものである。

④　自動お湯はり機能に用いられる水位センサーは、水圧を電気信号に変換して水位を検知する。

⑤　温度制御等に用いられるサーミスターは、温度が上がると電流抵抗

値が上がる特性がある。

解答解説　　解答⑤

⑤　温度制御等に用いられるサーミスターは、温度が上がると電流抵抗
値が下がるという負の温度特性を持つ。

消費テキスト P178 〜 180、182、184 を参照

＊R3　比例電磁弁は、コイルに流れる電流による電磁力により弁を制御し、連続的
にガス量を調節するものである。消費テキスト P179

消費　**5－7　ガス機器の安全装置、点火装置、制御装置**

ガス機器の安全装置、点火装置、制御装置に関する次の記述のうち、誤
っているものはどれか。

①　水位制御装置には、自動湯張り温水機器のように任意に設定された
水位を保つものと、貯蔵湯沸器のように固定された一定の水位を保つ
ものとがある。　＊R3

②　点火時安全装置とは、燃焼室を持つガス機器の残留未燃ガスによる
爆発点火を防止するためのものである。

③　瞬時点火装置では、熱電対の起電力が十分に発生するまでの間、コ
ンデンサーの放電電流によりガス弁を開状態に保持している。

④　ガス量制御に用いられる比例電磁弁には、固定コイル式と可動コイ
ル式がある。

⑤　温度制御は、サーミスタのような機械式と、エチルアルコールやバ
イメタルの膨張を利用した電気式の温度制御装置がある。

解答解説　　解答⑤

⑤　温度制御は、サーミスタのような電気式と、エチルアルコールやバ
　イメタルの膨張を利用した機械式の温度制御装置がある。

類題　令和2年度乙種問26

消費テキストP169、176、179、182〜184を参照

*R3　浴槽や貯湯槽の水位を一定に保つための制御方式には、水位センサー方式、
水位スイッチ式及びボールタップ式がある。消費テキストP184

消費　6-1　業務用機器（1）

業務用ガス機器に関する次の記述のうち、誤っているものはどれか。

①　低輻射熱機器は、厨房内の温度を上昇させる原因となる輻射熱の発
　生や排気熱の拡散を抑えた構造である。

②　水道水、工業用水に含まれる硬度分をイオン交換樹脂で軟水化する
　のが軟水器である。

③　赤外線は電磁波の一種で、紫外線より波長が長い。 *1R2

④　貯蔵湯沸器は貯湯部が大気に開放されており、設置場所でしか湯を
　使うことができない。

⑤　排気ダクト接続型給湯器及び排気フード接続型給湯器は、排気温度
　センサーやCOセンサー等の安全装置を備えているが、潜熱回収型の
　ものはない。

解答解説　解答⑤

⑤　排気ダクト接続型給湯器及び排気フード接続型給湯器は、排気温度
　センサーやCOセンサー等の安全装置を備えているが、潜熱回収型の
　ものが主流となっている。

最近の業務用の出題では他に下記がある。

- マイコンを搭載した自動炊飯器には、かため、やわらかめ等の炊飯プロセスを設定できるものがある。

- フライヤーには鍋底加熱式と浸管式があり、ほとんどの機器に油の過熱による火災を防止するため過熱防止装置が組み込まれている。*2R2

類題 平成28年度乙種問23

消費テキストP211、232、236、245、248 ～ 249を参照

*1R2　遠赤外線ヒーターでは、セラミック特殊塗料で仕上げられた放射管等の表面から多量の遠赤外線が放射される。消費テキストP248

*2R2　浸管式フライヤーには、油槽中の浸管内でガスを燃焼させて加熱する方式と、燃焼排ガスを通過させて加熱する方式とがある。消費テキストP218

消費 6-2　　業務用機器（2）

業務用ガス機器に関する次の記述のうち、誤っているものはどれか。*R4

①　フライヤーでは、一般にサーモスタットを用いた湯温調節が行われる。

②　浸管式フライヤーの標準タイプ（インプット12kW前後）では、ブラストバーナーが用いられている。

③　中華レンジで用いられる強火力バーナーには、ブラスト燃焼を用いたものがある。

④　排気フード接続型給湯器では、ダクト火災を防止するため排気温度センサーを装備している。

⑤　吸収式冷凍機では、再生行程で吸収溶液を加熱している。

解答解説　　解答②

②　浸管式フライヤーの標準タイプ（インプット12kW前後）では、ブンゼンバーナーが用いられている。浸管式の一種には、パルス燃焼式

のものもある。

類題 平成 29 年度乙種問 22

消費テキスト P216 ～ 218、236、256 を参照

*R4　ガススチームインベクションオーブンのバーナーは、ブンゼン燃焼式とブラスト燃焼式のものがあり、蒸気発生器にはボイラー方式とインジェクション方式がある。消費テキスト P220

消費 6-3　吸収式冷凍機

吸収冷凍機に関する説明で、誤っているものどれか。

①　吸収冷凍機では冷媒に水、吸収剤に臭化リチウム溶液を用いる。*R2

②　吸収式冷凍サイクルの構成は、蒸発器、圧縮器、凝縮器、膨張弁からなる。

③　単効用吸収冷凍サイクルでは再生器が一つであるが、二重効用吸収冷凍サイクルでは、蒸発プロセスの効率向上のため二つの再生器を用いる。

④　1 冷凍トンとは、0℃の水 1 トンを 24 時間で 0℃の氷にするために取り去る熱量をいう。

⑤　吸収冷凍サイクル係数とは、冷凍能力÷ガス加熱量で表される。

解答解説　解答②

②　吸収冷凍サイクルの構成は、蒸発器、吸収器、再生器、凝縮器からなる。問題文は、GHP サイクルの構成である。

消費テキスト P254 ～ 257 を参照

*R2　吸収冷温水機は、冷媒に水を用いるノンフロン空調機である。消費テキストP254

消費 6-4　　GHP（1）

GHP に関する説明で、誤っているものはいくつあるか。

a　エンジン作動の3要素は良い燃料、十分な圧縮、良い火花である。

b　4サイクルエンジンは、クランクシャフトが2回転する間に、圧縮、爆発、排気、吸入が行われる。

c　冷媒の状態をグラフにしたものをカルノーサイクル図という。

d　GHP の成績係数は、冷房や暖房能力を分子として、（ガス消費量＋電力消費量）を分母としたものを言う。

e　ガスエンジンの圧縮器を駆動すると同時に小型発電機を駆動して発電ができる、発電機能付き GHP は、消費する電力を削減できる。

①　0　　　②　1　　　③　2　　　④　3　　　⑤　4

解答解説　　解答②

c が誤り。

c　冷媒の状態をグラフにしたものをモリエル線図という。カルノーサイクルは理想的な熱機関のサイクルである。

d　ヒートポンプは、投入するガスの熱量を上回る冷暖房能力を得ることができる。

消費テキスト P266 〜 267、271 〜 273、277 を参照

消費 6-5　　GHP（2）

GHP の説明で誤っているものはどれか。

①　ガスエンジンヒートポンプ（GHP）は、電力の夏期ピーク需要抑制

に貢献できる機器として開発された。

② GHP の暖房サイクルでは、室内機内の熱交換器において冷媒が気化することにより、室内空気が加熱され暖房効果を得る。

③ GHP の冷房サイクルでは、冷媒はコンプレッサーで圧縮され、凝縮器、膨張弁、蒸発器の順に流れ、再びコンプレッサーに戻る。

④ GHP の冷房と暖房の切替は、室外機内で冷媒の流路を切替えることによって行う。

⑤ GHP は、ガスエンジンによって駆動されたヒートポンプサイクルによって冷暖房や給湯をするシステムである。

解答解説　　解答②

② GHP の暖房サイクルでは、冷媒が凝縮熱を放出して液化することにより、室内空気が加熱され、暖房効果を得る。

冷房サイクルでは、室外機内の熱交換器を凝縮器として、室内機内の熱交換器を蒸発器として利用している。

消費テキスト P264 ～ 265 を参照

消費 6-6　　GHP（3）

GHP に関する説明で誤っているものはいくつあるか。

a　発電機付き GHP にバッテリーを搭載し、停電時に搭載したバッテリーでエンジンを起動し、停電時にも発電した電力で空調や照明等を使用することができるもの電源自立型 GHP という。

b　GHP に水熱交換ユニットを組合わせ、冷温水を供給することができるものを GHP チラーという。

c　GHP と電気ヒートポンプを同一冷媒配管に接続できるものや GHP 内

213

に電動コンプレッサーを内蔵してあるものをハイブリッドGHPとい
う。

d　GHP遠隔監視システムでは、過剰な温度設定を適正な温度に変更、
　消し忘れを防止、室温に応じて自動的に省エネ運転に切り替える等の
　制御が可能になる。

e　最近のガス冷房総容量（吸収式＋GHP）の推移は、GHPより吸収式
の方が伸びは大きい。

①　0　　　　　②　1　　　　　③　2　　　　　④　3　　　　　⑤　4

解答解説　　解答②

e が誤り。

e　最近のガス冷房総容量（吸収式＋GHP）の推移は、吸収式よりGHP
　の方が伸びは大きい。

消費テキストP251を参照

消費　6－7　　コージェネレーション（1）

コージェネのガスエンジン、ガスタービンに関する説明について、誤っ
ているものはどれか。

①　ガスエンジン式では、天然ガスは圧縮比を高く取れ、熱効率が良い。

②　ガスエンジン式は、非常用兼用機を使用すれば、常用と非常用に切
　り替えが可能なため、設備費の低減と供給信頼性の向上が図られる。

③　ガスタービン式は、空冷式のため冷却水が不要である。

④　ガスタービン式は、ホテル・病院など民生用分野に広く適している。

⑤　ガスタービンシステムのコンバインドサイクルとは、排熱ボイラか

ら回収した高圧蒸気をスチームタービンに導き発電を行うシステム
で、高い発電効率が得られる。

解答解説　解答④

④　ガスタービン式は、地域冷暖房や工場など大規模分野に適している。
ホテル、病院などの民生用はガスエンジン式が適している。
消費テキスト P281 ～ 283、285 を参照

消 6 - 8　　コージェネレーション（2）

次のガスタービン式バリエーションの記述のうち、誤っているものはど
れか。

①　シンプルサイクルは、ジャケット冷却水系と燃焼排ガス系から温水
　　を回収し、暖房、冷房、給湯などの熱需要に対応できる。

②　排気助熱サイクルは、ガスタービンの排ガスを追い炊きすることに
　　より、排熱ボイラから多量の蒸気を取り出すことができる。

③　コンバインドサイクルは、排熱ボイラから回収した高圧蒸気をスチ
　　ームタービンに導き発電を行うシステムで、高い発電効率が得られる。

④　チェンサイクルは、電力ピーク時に過熱蒸気をタービンに供給し、
　　電力出力の向上が図れるサイクルである。余剰蒸気を放出すること
　　なく、電力量と熱負荷のバランスを取ることができる。

⑤　コージェネから排出される NO_X の低減は、燃焼改善で NO_X を減少
　　する方法と排ガス処理により NO_X を除去する方法がある。

解答解説　解答①

①　シンプルサイクルは、ガスタービン式のバリエーションの一つで、

第5章　ガス技術科目　消費分野

215

焼排ガス系から高圧蒸気を回収し、高圧蒸気は各種加熱系への活用が可能である。問題文は、ガスエンジンの温水回収タイプの説明である。②〜④はいずれもガスタービン式のバリエーションである。

消費テキスト P284、286、298 を参照

消費 6-9　コージェネレーション（3）

コージェネレーションの設計に関する説明について、誤っているものはどれか。 *R3

① コージェネレーションは年間を通じて安定した電力負荷、熱負荷で、それぞれの時刻別発生パターンが類似した建物が、導入に適している。

② コージェネレーションは熱電比の高い建物に適している。

③ 熱主電従運転は、電力の負荷に合わせて発電し、排熱は利用できるだけ利用して、もし余れば放熱する方法である。

④ ピークカット運転とは、電主熱従運転で、ピークカットにより契約電力を下げることで、基本料金を安くし、また受電設備も低減できる方法である。

⑤ 発電電力と商用電力系統を連携させて使うのが系統連系で、一定の条件を満たせば電力を電力会社に売電（逆潮流）することが可能である。

解答解説　解答③

③ 電主熱従運転は、電力の負荷に合わせて発電し、排熱は利用できるだけ利用して、もし余れば放熱する方法である。

消費テキスト P289 〜 290 を参照

*R3　コージェネレーションシステムの運転形式は、電主熱従運転と熱主電従運転

とに分類され、さらに電主熱従運転にはピークカット運転とベースロード運転とに分類される。消費テキスト 289

消費 **6-10**　　**燃料電池の種類**

燃料電池システムに関する次の記述のうち、誤っているものはどれか。

① 固体高分子形燃料電池は、水素イオンが電解質を通って燃料極から空気極へ移動することにより発電を行う。

② 溶融炭酸塩形燃料電池は、炭酸イオンが電解質を通って空気極から燃料極へ移動することにより発電を行う。

③ 固体高分子形燃料電池では、燃料電池本体の触媒を保護するために、その前段に一酸化炭素除去器が必要である。

④ 都市ガスを改質する方法のうち、エネファームでも用いられている水蒸気改質方式の化学反応は吸熱反応である。

⑤ 固体高分子形燃料電池は、作動温度が高く、発電効率も固体酸化物形燃料電池より高い。

解答解説　　解答⑤

⑤ 固体高分子形燃料電池は、作動温度が低く、発電効率は、固体酸化物形燃料電池より低い。

消費テキスト P301 ～ 305 を参照

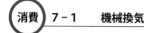

消費 **7－1　機械換気**

機械換気についての説明で、誤っているものの数はいくつあるか。

a　第2種換気で、窓のない機械室や精密工場等に使われる。

b　第3種換気で、手術室やボイラー室等に使われるが、ガス機器を設置する部屋には適さない。

c　第1種換気で、住宅の換気はほとんどこのタイプで、台所、トイレ・浴室等の換気に使用される。

d　換気扇の取り付けられている部屋全体の空気を入れ替えることにより、汚れた空気も同時に排出する方式を全体換気方式といい、汚染空気の発生場所を局所的に換気する方式を局所換気方式と呼ぶ。

e　1箇所で排気と給気を同時に行う場合を同時給排気方式といい、ショートサーキットに注意する。

①　0　　　②　1　　　③　2　　　④　3　　　⑤　4

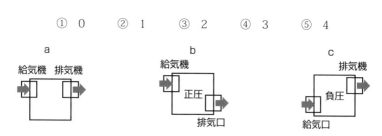

解答解説　解答④

a、b、cが誤り。

aは第1種換気、bは第2種換気、cは第3種換気である。レンジフードは、第3種換気に用いられる。

消費テキストP31〜32を参照

消費 7-2　必要換気量

必要換気量に関する説明で、誤っているものはどれか。

① 自然換気回数 n（回／h）は、1 時間当たり室内の空気が何回入れ替わるかの回数である。部屋の容積 V（m³）を換気量 Q（m³／h）で除したものをいう。 *R3

② 換気量の計算方法は、建築基準法による方法と、部屋の必要換気回数から求める方法がある。

③ 建築基準法による方法で、調理室の場合、必要換気量＝定数×理論排気ガス量×燃料消費量で表される。

④ 建築基準法による方法で、居室の場合、居室の床面積と一人当たりの占有面積から必要換気量が計算される。

⑤ 部屋の必要換気回数から求める方法は、必要換気量＝必要換気回数×部屋の容積で求められる。

解答解説　解答①

① 自然換気回数 n（回／h）は、1 時間当たり室内の空気が何回入れ替わるかの回数である。換気量 Q（m³／h）を部屋の容積 V（m³）で除したものをいう。

消費テキスト P33 ～ 34 を参照

*R3　従来の木造住宅では、1.5 ～ 2.0回／h程度の自然換気回数が見込まれたが、近年の高気密住宅では、自然換気回数は 0.1 回／h 程度と言われている。消費テキスト P33

消費 7-3　一酸化炭素中毒（1）

一酸化炭素中毒に関する説明で、誤っているものはどれか。

① CO中毒は、血液中のCOヘモグロビン濃度が上昇するにつれて、体内組織内の酸素が欠乏することによって引き起こされる。

② COが発生することのないように、適切な換気、適切な給排気設備、適切な給排気設備の状態、適切な機器の状態にしなければならない。

③ 人がCOを1〜2%含む空気を30分間吸入した場合、重篤な意識障害と激しいけいれんを起こすものの、死亡には至らない。

④ 一酸化炭素濃度0.1%は、一酸化炭素1,000ppmである。

⑤ 一酸化炭素は、無色無味無臭の気体で、空気中に拡散した場合でも気づきにくい。

解答解説 　解答③

③ 日本ガス協会発行都市ガス工業概要（消費機器編）によれば、CO濃度1.28%で、1〜3分間で死亡に至る。

消費テキストP38〜40を参照

（消費）**7-4　　一酸化炭素中毒（2）**

一酸化炭素(CO中毒)と換気に関する次の記述のうち、誤っているものはどれか。

① COは無色無臭の気体であるため、室内に拡散した場合でも気づきにくい。

② CO中毒の症状は、吸入するCOの濃度と吸入時間により変化する。

③ 自然換気は、室内外の温度差や風によって発生する。

④ 全体換気方式は、局所換気方式と比べて換気効率が高く、冷暖房の効果をさほど損なわない。

⑤ 換気扇に使用されているファンには、ターボファン、シロッコファ

ン、プロペラファン等がある。

解答解説　解答④

④　全体換気方式は、汚れの大小に関係なく大きな風量が必要で、換気効率が低くなる。

類題 平成 30 年度甲種問 25

消費テキスト P31 を参照

消費 **7 – 5　換気と一酸化炭素中毒**

換気と一酸化炭素中毒に関する次の記述のうち、誤っているものはどれか。

①　自然換気における空気の流れを起こす力の種類には、風圧を使用したものと、空気の温度差によって生じる浮力を利用したものとがある。

②　必要換気量とは、室内の酸素濃度をある限界以上に保つための換気量の最小値のことである。

③　一人の成人男性が安静に座っている状態での必要換気量は、建築基準法関係法令では、$10m^3 ／ h$ とされている。

④　換気扇に用いられるターボファンは、シロッコファンに比べて効率が高い。

⑤　CO は、ヘモグロビンに対する結合力が酸素の 200 ～ 300 倍強く、吸入により酸素欠乏症状を引き起こしやすい。

解答解説　解答③

③　一人の成人男性が安静に座っている状態での必要換気量は、建築基

準法関係法令では、20m³／h とされている。

類題 令和 2 年度乙種問 24

消費テキスト P30、34、35、39 を参照

消費 **8-1   給排気の区分**

給排気の区分について、誤っているものはどれか。

① 開放式は、燃焼用空気を屋内からとり、燃焼排ガスを屋内に排出する方式で、ファンヒーターは換気に注意が必要である。

② 半密閉式は、燃焼用空気を屋外からとって、燃焼排ガスを排気筒や送風機を用いて屋外に排出する方式である。

③ 密閉式とは、燃焼室は設置される部屋からは遮断されており、給排気筒を屋外やチャンバー、ダクトなどに接続して、自然通気力、または強制給排気力によって給排気を行う方式である。

④ 集合住宅で用いられる共用給排気ダクトのうち、SE ダクト方式は水平ダクトと垂直ダクトから構成され、ガス機器は給排気筒を垂直ダクトに接続する。

⑤ 屋外式とは、機器本体を屋外に設置し、燃焼用空気を屋外からとり、燃焼排ガスをそのまま屋外へ排出する方式である。 ＊R3

解答解説 　**解答②**

② 半密閉式は、燃焼用空気を屋内からとって、燃焼排ガスを排気筒や送風機を用いて屋外に排出する方式である。

消費テキスト P45 を参照

＊R3　屋外式（RF 式）機器は、建物外壁に設置されるだけでなく、集合住宅のパイプシャフトの扉部等にも設置される。消費テキスト P59

消費 8 – 2　　給排気方式

給排気方式に関する説明で誤っているものはいくつあるか。

a　FF-W 方式は、給排気筒を外気に接する壁を貫通、屋外に出し、送風機で強制的に給排気する方式である。

b　FF-C 方式は、給排気筒を共用給排気ダクトに接続し、送風機で強制的に給排気する方式である。

c　新築の住宅、浴室の増築・改築は、自然排気式のふろがまを浴室内に設置しないことが望ましいとされている。

d　RF 式は、給排気を全て屋外で行い、屋内空気を汚さないため、保安上最も優れており、広く普及している。

e　RF 式の留意点として、美観上、機器の周囲を波板等で囲うこととされている。

　　① 　0　　　② 　1　　　③ 　2　　　④ 　3　　　⑤ 　4

解答解説　　解答③

b、e が誤り。

b　FF-C 方式は、給排気設備をチャンバー内に設置、送風機で強制的に開放廊下に給排気する方式である。b は FF-D 方式の説明である。

e　RF 式の留意点として、機器の周囲を波板等で囲わないこととされている。

c　消費テキストでは望ましいとなっているが、平成 29 年度乙種 27 問に「CF 式ふろがまは、新規に浴室内に設置することはできない」（ガス機器検査協会ガス機器の設置及び実務指針 P389）が出題されている。

消費テキスト P 51、57 ～ 59 を参照

消費 8-3　　半密閉式（CF式）

半密閉式自然排気式（CF式）に関する説明で、誤っているものはどれか。

① CF式のガス機器を設置する場合、二次排気筒の口径は機器との接続部口径より縮小してはならない。

② 逆風止め（バフラー）は、排気筒から屋外の風が逆進入してきたときは、排気はガス機器外（ガス機器設置室内）に誘導されて、燃焼が持続される。

③ 二次排気筒とは、排気筒の壁貫通部から排気筒トップまでの部分をいう。この口径は、ガス機器の種類及びガス消費量に応じて規定される。 ＊R2

④ 排気筒トップは、二次排気筒の頂部に取り付けられ、排気の流出抵抗が小さく、鳥や雨風の侵入しにくい構造のものが使用される。

⑤ チャンバーは機器の設置と給排気のための専用室とし、浴室、台所、居室等に通じる扉等の開口を設けない。

解答解説　　**解答③**

③ 二次排気筒とは、逆風止めから排気筒トップまでの部分をいう。この口径は、ガス機器の種類及びガス消費量に応じて規定される。

消費テキストP50～53を参照

＊R2　CF式ふろがまの排気筒トップに用いられる材料は、不燃性、耐熱性及び耐食性のあるものでなければならない。消費テキストP51

消費 8-4　換気・給排気（1）

換気及び給排気方式に関する次の記述のうち、誤っているものはどれか。

① 調理室以外の部屋に、インプットの合計が 6kW 以下の開放式ガス瞬間湯沸器を設置する場合、天井に近い位置に容易に開閉できる換気口を取り付ける。

② CF 式ガス機器に用いられる逆風止めは、機器と同一室内に取り付けられなければならない。

③ 開放式ガス機器では、給排気を確実に行うために適切な換気が必要であるが、半密閉式ガス機器を使用する場合は換気は必要ない。

④ BF 式ガス機器の燃焼室は、設置されている部屋の空気から遮断されており、機器内の圧力は外気と等しい状態になっている。

⑤ レンジフードを適切に設置すれば、フードのない換気扇と比べて必要換気量は少なくて済む。

解答解説　解答③

③ 開放式ガス機器では、給排気を確実に行うために適切な換気が必要である。また、半密閉式は、燃焼用空気を屋内からとり、燃焼排ガスを排気筒や送風機を用いて、屋外に排気する方式のため、換気は必要である。

消費テキスト P36、49 〜 51、54 を参照

消費 8-5　換気・給排気（2）

換気及び給排気方式に関する次の記述のうち、誤っているものはどれか。

① 調理室以外の部屋に、インプットの合計が 6kW を超える開放式ガ

ス瞬間湯沸器を設置する場合、機械換気が必要である。

② ドラフトの圧力は数 Pa にも及ばない微弱なものである。自然給排気式（BF 式）ガス機器では、排気のドラフトによって、外気が燃焼室に吸引される。

③ 自然排気式（BF 式）の機器を設置する室内には、専用の給気口を設ける必要がある。

④ FF 式ガス機器は屋根まで給排気筒トップを延長する必要がなく、BF式や CF 式ガス機器に比べて設置上の制約が少ない。

⑤ 強制排気式（FE 式）ガス機器では、排気筒の横引き長さと高さの関係に関する法令上の規定はない。

解答解説 　**解答③**

③ 自然排気式（BF 式）の機器を設置する室内には、専用の給気口・換気口は必要ない。

消費テキスト P49 ～ 51、54、57 を参照

消費 **8−6** 　**換気・給排気（3）**

換気及び給排気に関する次の記述のうち、誤っているものはどれか。

① 自然換気は、空気の流れを起こす力によって、風圧による換気、温度差による換気の 2 種類がある。

② レンジフードによる換気は、全体換気の一つである。

③ CF 式風呂釜の排気筒を横引きするときは、屋外に向かって先下がり勾配としない。

④ FE 式瞬間湯沸器の排気筒トップは、風圧帯内に設置することができる。

⑤ FF 式機器は、FF-W 式（外壁式）、FF-C 式（チャンバー式）、FF-D 式（ダクト式）の 3 方式に分類される。

解答解説　解答②

② レンジフードによる換気は、局所換気の一つである。

類題 令和元年度乙種問 25

消費テキスト P30、32、51、54、57 ～ 58 を参照

消費 **8-7　換気・給排気（4）**

換気及び給排気に関する次の記述のうち、誤っているものはどれか。

① 機械換気の方法には、換気扇等のファンを、給気口に設置する第 2 種換気や、排気口に設置する第 3 種換気がある。

② 建築基準法により、火気を使用する台所等には、必ず法令で定められた換気設備を設けなければならない。

③ 集合住宅において、パイプシャフト扉部には RF 式機器が、パイプシャフト内部（壁面）には FF 式機器が設置される。

④ CF 式機器の一次排気筒は、設置環境に応じて長さを調整する必要がある。

⑤ RF 式機器の設置工事は、ガス消費機器設置工事監督者の監督下で施工する必要はない。

解答解説　解答④

CF 式機器の一次排気筒は、機器の一部であるため、短くしたり、曲げてはならない。

類題 令和 4 年度乙種問 25

消費テキスト P31、34、59、51、60 を参照

消費 9-1   ガス機器の接続

ガス機器の接続に関する説明で、誤っているものはどれか。 *R1

①　接続具は、ゴム管から、強化ガスホース、金属可とう管、ガスコード、ガスソフトコードへと安全向上策が図られている。

②　接続具の安全性は、お客様がガス接続するもの、ガス接続にかかわらないものを合わせて、脱着が容易な迅速継手を使うこととしている。

③　ガスコードとは、呼び径 9.5mm 未満の鋼線で補強されたゴム製ホースの両端に、迅速継手のついた定尺の接続具である。

④　強化ガスホースとは、ゴム管の可とう性を活かし、耐切断性能、耐候性等に優れた接続具である。

⑤　ガスコンセントは、コンセント継手を接続するだけで、栓が自動的に開き、外すと閉じる構造となっており、万一接続具が外れても、ガス流出の心配がない。

解答解説　解答②

②　接続具の安全性は、お客様がガス接続するものは、脱着が容易な迅速継手、お客様がガス接続にかかわらないものは、ねじ接続及び抜け防止接続をという考え方としている。

消費テキスト P186 ～ 187、193 を参照

*R1　ガス栓用プラグはホースエンド口に取り付けることでコンセント口化する先端弁付き迅速継手。ガスソフトコードに取り付けて使用するのはゴム管用ソケット。消費テキスト P187

9-2　接続具の使用例

　ガス機器とガス栓を結ぶ接続具の基本的な使用例について、a〜eに当てはまる語句の組み合わせとして最も適切なものはどれか。

使用例	ガス機器	接続具	ガス栓
A	テーブルコンロ	ゴム管＋ゴム管止め	(a)
B	ファンヒーター	(b)	コンセントガス栓他
C	開放式湯沸器	(c)	可とう管ガス栓
D	ビルトインコンロ	(d)	(e)

	a	b	c	d	e
①	ねじガス栓	ゴム管＋ゴム管止め	金属可とう管	強化ガスホース	ねじガス栓
②	ねじガス栓	ガスコード	ガスコード	強化ガスホース	ねじガス栓
③	ホースガス栓	ゴム管＋ゴム管止め	強化ガスホース	金属可とう管	ホースガス栓
④	ホースガス栓	ガスコード	金属可とう管	強化ガスホース	ホースガス栓
⑤	ホースガス栓	ガスコード	強化ガスホース	金属可とう管	ねじガス栓

解答解説　解答⑤

　類題　平成 29 年度乙種問 26

　消費テキスト P188 を参照

 9-3　ヒューズ機構とガスコンセント

　ガス栓のヒューズ機構とガスコンセントに関する説明で、誤っているものはどれか。＊1R1

229

第5章　ガス技術科目　消費分野

① ヒューズボールがガスを遮断するときの流量は、ヒューズボールの大きさ、質量、シリンダーの隙間、スリットの大きさ等によって決まる。 *2R2

② つまみの開閉位置に関わらず、内部の栓が常に全開、または全閉の状態を維持し、ヒューズ機構を補完する機構をオンオフ機構という。

③ つまみが半開状態の時、ガス流量が少ないことによりヒューズ機構は作動せず、オンオフ弁も遮断されない。

④ ガスコンセントは、つまみ操作がなく迅速継手を接続するだけで栓が自動的に開き、外すと閉じる構造になっており、万一接続具が外れてもガス流出の心配がない。

⑤ ガスコンセントは、迅速継手が不完全に接続された状態やガス用ゴム管を誤接続した場合などではバルブと栓が押し込まれず、ガスは流れない。

解答解説　　解答③

③ つまみが半開状態の時、ガス流量が少ないことによりヒューズ機構は作動せず、オンオフ弁によりガス通路は遮断される。ヒューズ機構の作動に必要なガス流量を通過するつまみ開度においてのみオンオフ弁は開になりガスを流すことができる。

消費テキスト P191 ～ 193 を参照

*1R1　ヒューズガス栓は、過大流量のガスが流れるとヒューズボール等が移動し、通過孔をふさぐことによりガスを遮断する。作動流量は、ガス栓本体に表示されている。消費テキスト P191

*2R2　ヒューズガス栓には、作動流量の異なるいくつかの種類があり、使用機器のインプット等に応じて選択する必要がある。消費テキスト P191

消費 9-4　都市ガス警報器、換気警報器

都市ガス警報器・換気警報器の特徴で誤っているものはどれか。　*1R2
*2R2

① 　現在では、「ガス漏れ・不完全燃焼複合型警報器」やさらに火災警報機能も兼ね備えた「住宅用火災・ガス漏れ複合型警報器」が主流である。

② 　警報器の自主検査規定では、爆発下限界の1／4以下の濃度で警報を出すように定めており、実際の警報器は下限界の1／25～1／10程度に調整されている。

③ 　設置位置は、空気より軽いガスは、警報器を天井より30ｃｍ以内で、水平距離はガス機器から15ｍ以内に設置しなければならない。

④ 　空気より軽い都市ガスを対象とした警報器は、調理の蒸気、特にアルコールの影響を受けやすく、自主検査規定では、0.1％のアルコールで警報を発しないように定めている。

⑤ 　業務用換気警報器は、人が呼吸する位置に基づき、床面からの設置高さが規定されている。

解答解説　　解答③

③ 　水平距離は、ガス機器から8ｍ以内で機器と同一室内である。

④ 　誤報対策のほか、点火ミス等のわずかな漏れで警報が頻発しないように、爆発限界1／200以下では発報しないように定めている。

消費テキストP194～197、201を参照

*1R2　家庭用のガス警報器には、ガスを検出するセンサーを小型化しかつ省電力化することで電池駆動を可能にしたものがある。消費テキストP197

*2R2　家庭用のガス警報器に使用されている検出方式は、半導体式、接触燃焼式及び熱線半導体式に大別される。消費テキストP194

第5章　ガス技術科目　消費分野

231

警報器に関する次の記述のうち、誤っているものはどれか。

①　接触燃焼式ガス警報器では、検知回路の出力とガス濃度はほぼ比例関係にある。

②　熱線型半導体式ガス警報器では、検知回路の出力は濃度の薄いガスに対して比較的敏感で、濃度が上昇すると穏やかになる。

③　ガス警報器は、ガスの濃度が爆発下限界の1／10のときに確実に作動することがガス事業法の告示に規定されている。

④　CO警報器では、酸化スズ半導体センサーの感度低下を防止するため、間欠的に高温加熱するヒートクリーニングが必要である。

⑤　業務用換気警報器には、温度、湿度及び一酸化炭素以外のガス等の影響を受けにくい電気化学式センサーが用いられている。

解答解説　　解答③

③　ガス警報器は、ガスの濃度が爆発下限界の1／4以上のときに確実に作動することがガス事業法の告示に規定されている。

類題 令和3年度乙種問27

消費テキストP195～196、199～200を参照

警報器に関する次の記述のうち、誤っているものはどれか。

①　ガス警報器は、メタン濃度が0.2～0.5%程度で鳴り始めるよう調整されているものが多い。

② 電池式ガス警報器には、火災警報機能や不完全燃焼警報機能を搭載
　　したものがある。

③ 半導体式ガス警報器は、センサーに可燃性ガスが触れるとその表面
　　に化学吸着して、半導体の電気伝導度が低下する性質を利用してガス
　　を検知する。

④ 業務用換気警報器に用いられる電気化学センサーの構造及び原理
　　は、ほぼ燃料電池と同様である。

⑤ 業務用換気警報器は、ガス機器から水平距離は 50cm 以上 8 m以内
　　で、ガス機器が設置してある部屋と同一の室内に設置しなければなら
　　ない。

解答解説　　**解答③**

　半導体式ガス警報器は、センサーに可燃性ガスが触れるとその表面に化
学吸着して、半導体の電気伝導度が上昇する性質を利用してガスを検知す
る。

　類題　令和 4 年度乙種問 26

　消費テキスト P196、197、194、200、201 を参照

法令科目

第6章法令科目本文中、法令は以下のように略して表記してあります。

- ガス事業法：法
- ガス事業法施行令：施行令又は令
- ガス事業法施行規則：規則又は規
- ガス関係報告規則：報告規則
- ガス用品の技術上の基準等に関する省令：用省令
- ガス工作物の技術上の基準を定める省令：技省令
- 特定ガス消費機器の設置工事の監督に関する法律：特監法

法令 1-1　　ガス事業法の目的

ガス事業法の目的に関する条文で、正しいものはどれか。　＊R4

この法律は、ガス事業の運営を調整することによって、ガスの使用者の①生命、身体及び財産を保護し、及びガス事業の②健全な発達を図るとともに、ガス工作物の工事、維持、運用並びにガス用品の製造及び販売を③調整することによって④公共の福祉を確保し、あわせて⑤災害の予防を図ることを目的とする。

解答解説　　解答②

正しい条文は、以下の通り。

この法律は、ガス事業の運営を調整することによって、ガスの使用者の①利益を保護し、及びガス事業の②健全な発達を図るとともに、ガス工作物の工事、維持、運用並びにガス用品の製造及び販売を③規制することによって、④公共の安全を確保し、あわせて⑤公害の防止を図ることを目的とする。

ガス事業法の目的は全面自由化後も変更はない。

法 1 条を参照

*R4　高圧ガス保安法　中高圧ガスの製造又は販売の事業及び高圧ガスの製造又は販売のための施設に関する規定は、ガス事業及びガス工作物については適用しない。法 175 条

法令 1－2　　用語の定義（1）

法令で規定されている用語の定義に関する次の記述のうち、誤っているものはいくつあるか。

a　小売供給とは、一般の需要に応じ導管によりガスを供給すること（特定ガス発生設備においてガスを発生させ、導管により供給するものにあっては、一の団地内におけるガスの供給地点の数が 70 以上のものに限る）をいう。

b　一般ガス導管事業者には、最終保障供給を行う事業（ガス製造事業に該当する部分を除く。）を含む。

c　特定ガス導管事業とは、自らが維持し、及び運用する導管により特定の供給地点において託送供給を行う事業（ガス製造事業に該当する部分及び経済産業省令で定める要件に該当する導管により供給するものを除く。）をいう。

d　ガス製造事業とは、自らが維持し、及び運用する液化ガス貯蔵設備等を用いてガスを製造する事業であって、その事業の用に供する液化ガス貯蔵設備が経済産業省令で定める要件に該当するものをいう。

e　ガス事業とは、小売供給、一般ガス導管事業、特定ガス導管事業及びガス製造事業をいう。

　①　1　　　　②　2　　　　③　3　　　　④　4　　　　⑤　5

解答解説　　解答①

e　小売供給ではなく、ガス小売事業が正しい。

各ガス事業、各ガス事業者の定義は、法改正以前からの頻出事項、しっかり学習したい。

法2条を参照

法令　1-3　　**用語の定義（2）**

法2条の一に定める託送供給の定義として下線部が誤っているものはどれか。

ガスを供給する①事業を営む他の者から②導管によりガスを受け入れた者が、同時に、③その受け入れた場所において、当該他の者のガスを供給する事業の用に供するための④ガスの量の変動であって、⑤省令で定める範囲内のものに応じて、当該他の者に対して、導管によりガスの供給を行うことをいう。

解答解説　　解答③

正しくは、以下の通りである。

　ガスを供給する①事業を営む他の者から②導管によりガスを受け入れた者が、同時に、③その受け入れた場所以外の場所において、当該他の者のガスを供給する事業の用に供するための④ガスの量の変動であって、⑤省令で定める範囲内のものに応じて、当該他の者に対して、導管によりガスの供給を行うことをいう。

　法2条を参照

1-4　　用語の定義（3）

法令で規定する用語のうち、正しいものはいくつあるか。

a　ガス工作物とは、ガス供給のために施設するガス発生設備、ガスホルダー、ガス精製設備、排送機、圧送機、整圧器、導管、受電設備その他の工作物及び消費機器であって、ガス事業の用に供するものをいう。

b　中圧とは、ガスによる圧力であって、0.1MPa 以上 1 MPa 未満の圧力をいう。

c　熱量とは、標準状態の乾燥したガス 1 m³ 中で測定される総熱量をいう。

d　液化ガスとは、常用の温度において圧力が 0.2MPa 以上となる液化ガスであって、現にその圧力が 0.2MPa 以上であるもの又は圧力が 0.2MPa となる場合の温度が 35 度以下である液化ガスをいう。

①　0　　　②　1　　　③　2　　　④　3　　　⑤　4

解答解説　　解答④

a　ガス工作物とは、ガス供給のために施設するガス発生設備、ガスホルダー、ガス精製設備、排送機、圧送機、整圧器、導管、受電設備その他の工作物及びこれらの附属設備であって、ガス事業の用に供するものをいう。

従って消費機器は含まれない。なおガス工作物の末端はガス栓である。
法2条規1条を参照

 1－5　　移動式ガス発生設備の定義

移動式ガス発生設備は、導管等の工事時、災害その他非常時に、すでに供給している使用者に対してガスを一時的に供給するための移動可能なガス発生設備であって、その貯蔵能力が液化ガスの場合（a）、圧縮ガスの場合（b）である。また大容量移動式ガス発生設備とは、保有能力が液化ガスの場合（c）、圧縮ガスの場合（d）のものをいう。

（　）内に入るもので誤りはどれか。

①　a　0kg を超え 1 万 kg 未満
②　b　$0m^3$ を超え 1 万 m^3 未満
③　c　100kg 超
④　d　$100m^3$ 超

解答解説　　解答④

dは、圧縮ガス $30m^3$ 超が正しい。なお、①②は 2016 年 2 月に改正されている。

規1条を参照

法令 1-6　輸送導管の定義

法令で規定する輸送導管に該当しないものはどれか。

① 製造所又は他の者から導管によりガスの供給を受ける事業場からガスを輸送する導管で、その内径及びガスの圧力が始点におけるものと同一である範囲のもの。

② 内径が 300mm、圧力が 2MPa の導管

③ 内径が 400mm、圧力が 1 MPa の導管

④ 内径が 500mm、圧力が 1 MPa の導管

⑤ 内径が 600mm、圧力が 2MPa の導管

第6章 法令科目

解答解説　解答③

輸送導管は、下記のいずれかに該当する導管をいう。

1）製造所又は他の者から導管によりガスの供給を受ける事業場からガスを輸送する導管で、その内径及びガスの圧力が始点におけるものと同一である範囲のもの。

2）内径 300mm 以上、圧力 1.5MPa 以上のもの。

3）内径 500mm 以上、圧力 1.0MPa 以上 1.5MPa 未満のもの。

規 52 条を参照

法令 1-7　特定導管の定義

法令に定める特定導管の定義で、正しいものはどれか。

239

メタンを主成分とするガスグループ１２Ａ又は１３Ａのガスを供給する導管で次のいずれかに該当するものをいう。

a　内径が 200mm 以上で、かつガスの圧力が 0.5MPa 以上の導管であって、製造所または他の者から導管によるガスの供給を受ける事業場の構外における延長が 15km を超えるもの。

b　内径 200mm 未満であり、かつガスの圧力が 5MPa 以上の導管であって、製造所等の構外における総延長が 15km を越えるもの。

c　内径が 200mm 未満であり、かつガスの圧力が 0.5MPa 以上 5MPa 未満の導管であって、製造所等の構外における総延長が 15km を超えるもの。

d　一般ガス導管事業者がその供給区域外の地域において設置する導管であって、当該供給区域内における一般ガス導管事業の用に供する導管と接続するもの（a～cを除く）

①　a、b　　②　b、c　　③　b、d　　④　a、c　　⑤　c、d

解答解説　解答⑤

特定導管の定義は４つあり、設問では、cとdが正しい。c、d以外に、

a　内径が 200mm 以上で、かつガスの圧力が 0.5MPa 以上の導管であって、製造所または他の者から導管によるガスの供給を受ける事業場の構外における延長が 2km を超えるもの。

b　内径 200mm 未満であり、かつガスの圧力が 5MPa 以上の導管であって、製造所等の構外における総延長が 2km を越えるもの。

がある。

規１条を参照

各ガス事業の業務に関して誤っているものの組み合わせはどれか。

a　ガス小売事業者は、正当な理由がある場合を除き、その小売供給の相手方のガスの需要に応じるために必要な供給能力を確保しなければならない。

b　ガス小売事業者は、小売供給を受けようとする者に対し、小売供給に係る料金その他の供給条件について、説明しなければならない。

c　一般ガス導管事業者は、いかなる場合も、その供給区域における託送供給を拒んではならない。 ＊R4

d　一般ガス導管事業者は、託送供給約款を定め、経済産業大臣に届け出をしなければならない。

e　一般ガス導管事業者は、託送供給約款を営業所、事務所に添え置くとともに、インターネットを利用することにより行う。（インターネットを利用することが著しく困難な場合を除く）

①　a、b　　②　a、c　　③　a、e　　④　b、d　　　⑤　c、d

解答解説　　解答⑤

c　一般ガス導管事業者は、正当な理由がなければ、その供給区域における託送供給を拒んではならない。

d　一般ガス導管事業者は、託送供給約款を定め、経済産業大臣の認可を受けなければならない。

法 47 ～ 48 条を参照

＊R4　一般ガス導管事業を営もうとする者は、経済産業大臣の許可を受けなければならない。法 35 条

法令で規定されている一般ガス導管事業者及びガス製造事業者の業務に関する次の記述のうち、誤っているものはいくつあるか。

a　一般ガス導管事業者が定める託送供給約款においては、託送供給を行うことができるガスの熱量の範囲、組成その他のガスの受け入れ条件に関する事項を定めなければならない。

b　一般ガス導管事業者は、正当な理由がなければ、最終保障供給を拒んではならない。

c　ガス製造事業者は、毎年度、ガスの製造並びにガス工作物の設置及び運用について供給計画を作成し、当該年度の開始前に、経済産業大臣に届け出なければならない。 *R4

d　ガス製造事業者は、その製造するガスの圧力にあっては、常時、製造所の出口及び経済産業大臣に指定する場所において、圧力値を自動的に記録する圧力計を使用して測定しなければならない。

e　ガス製造事業を営もうとする者は、経済産業省令で定めるところにより、ガス発生設備及びガスホルダーにあっては、これらの設置の場所、種類及び能力別の数を、経済産業大臣に届け出なければならない。

　①　0　　　②　1　　　③　2　　　④　3　　　⑤　4

解答解説　　解答③

c　ガス製造事業者は、毎年度、ガスの製造並びにガス工作物の設置及び運用について製造計画を作成し、当該年度の開始前に、経済産業大臣に届け出なければならない。

d　ガス製造事業者は、その製造するガスの圧力にあっては、常時、ガスホルダーの出口及び経済産業大臣に指定する場所において、圧力値

を自動的に記録する圧力計を使用して測定しなければならない。

類題 令和 3 年度乙種問 2

法 86 条 1、規 64 条 2、法 47 条 2、法 93 条 1、規 144 条 1 を参照

*R4　ガス小売事業者は、経済産業省令で定めるところにより、毎年度、当該年度以降経済産業省令で定める期間におけるガスの供給並びにガス工作物の設置及び運用についての計画を作成し、当該年度の開始前に（ガス小売事業者となった日を含む年度にあっては、ガス小売事業者となった後遅滞なく）経済産業大臣に届け出なければならない。法 19 条の 1

法令 2 – 3　供給条件の説明

　ガス小売事業者は、小売供給を受けようとする者に対し、小売供給に係る料金その他の供給条件について、説明しなければならないが、保安に関する説明事項について（　）に当てはまる組合わせで正しいものはどれか。 *R1

- 供給するガスの（ a ）の最低値及び標準値その他のガスの成分に関する事項
- ガス栓の出口におけるガスの（ b ）の最高値及び最低値
- 供給するガスの（ c ）並びに当該小売供給を受けようとする者からの求めがある場合にあっては、（ d ）及び（ e ）

	（ a ）	（ b ）	（ c ）	（ d ）	（ e ）
①	熱量	圧力	使用に伴う危険性	所有区分	保安上の責任
②	圧力	熱量	使用に伴う危険性	燃焼速度	ウォッベ指数
③	熱量	圧力	属するガスグループ	燃焼速度	ウォッベ指数
④	圧力	熱量	属するガスグループ	燃焼速度	ウォッベ指数
⑤	熱量	圧力	属するガスグループ	所有区分	保安上の責任

解答解説 解答③

法 14 条規 13 条の 1 の 13 〜 16、25 を参照

*R1 　令和元年度甲種乙種問 1 の同じ設問で、導管、器具、機械その他の設備に関する一般ガス導管事業者、特定ガス導管事業者、当該ガス小売事業者及び当該小売供給の相手方の保安上の責任に関する事項　が出題された。

 法令 2 - 4 　　ガス事業と保安規制

保安規制のうち、ガス製造事業者に課せられていない保安規制はどれか。

① 　熱量測定義務 *1R2 *2R2

② 　技術基準適合維持義務

③ 　ガス成分検査義務

④ 　保安規程作成、届出義務

⑤ 　工事計画届出義務

解答解説 解答③

③ 　ガス成分検査義務は、ガス製造事業者には課せられていない。

保安規制	小売事業	一般導管	特定導管	製造事業
熱量測定義務	法 14 条	法 52 条	法 78 条	法 91 条
技術基準適合維持義務	法 21 条	法 61 条	法 61 条	法 96 条
ガス成分検査義務	法 23 条	法 63 条		
保安規程作成、届出義務	法 24 条	法 64 条	法 54 条	法 97 条
工事計画届出義務	法 32 条	法 68 条	法 68 条	法 101 条

*1R2 　ガス小売事業者は経済産業省令で定めることにより、その供給するガスの熱量、圧力及び燃焼性を測定し、その結果を記録し、これを保存しなければならな

い。法 18 条

*2R2　特定ガス発生設備に係る場合にあっては、供給するガスの燃焼性を測定することを要しない。規則 17 条 1

 2－5　技術基準適合維持義務

　ガス事業者に課せられるガス工作物の技術基準への適合維持義務等で、誤りが含まれているものはどれか。

　a　ガス事業者は、ガス事業の用に供するガス工作物を省令で定める技術上の基準に適合するように維持しなければならない。

　b　経済産業大臣は、技術上の基準に適合しないと認めるときは、ガス事業者に対し、その技術上の基準に適合するように、ガス工作物内におけるガスを廃棄すべきことを命ずることができる。

　c　経済産業大臣は、公共の安全の維持または災害の発生の防止のため緊急の必要があると認められるときは、ガス事業者に対し、技術上の基準に適合するように、ガス工作物を修理し、改造すべきことを命じることができる。

①　a　　　②　a、b　　　③　b　　　④　b、c　　　⑤　c

解答解説　　解答④

　b　経済産業大臣は、技術上の基準に適合しないと認めるきは、ガス事業者に対し、その技術上の基準に適合するようにガス工作物を修理し、改造し、もしくは移転し、もしくはその使用を一時停止すべきことを命じ、またはその使用を制限することができる。

　c　経済産業大臣は、公共の安全の維持または災害の発生の防止のため

緊急の必要があると認められるときは、ガス事業者に対し、そのガス工作物を移転し、もしくはその使用を一時停止すべきことを命じ、もしくはその使用を制限し、またはそのガス工作物内におけるガスを廃棄すべきことを命ずることができる。

法21条ほかを参照

 法令 **2-6   ガス工作物の所有者又は占有者の責務**

ガス工作物の所有者又は占有者の責務について、誤っているものはいくつあるか。

　a　小売・導管事業の用に供するガス工作物のうち、小売・導管事業者以外が所有し、又は占有するガス工作物は、技術基準に適合するように維持するため必要な措置を講じようとするときは、ガス工作物の所有者又は占有者はその措置に協力するよう努める。

　b　ガス工作物の所有者又は占有者は、小売・導管事業者が命令又は処分を受けてとる措置の実施に協力しなければならない。

　c　経済産業大臣は、ガス工作物の所有者又は占有者に対し、ｂの当該措置の実施に協力するように命令できる。

　d　ガス工作物の所有者又は占有者の責務の規定はガス製造事業者が必要な措置を講じようとするときもａの規定は準用される。

　　①　0　　　②　1　　　③　2　　　④　3　　　⑤　4

解答解説　　解答③

　c　経済産業大臣は、ガス工作物の所有者又は占有者に対し、ｂの当該措置の実施に協力するように勧告できる。

d　ガス工作物の所有者又は占有者の責務の規定はガス製造事業者には
　　規定がない。

法22条ほかを参照

 法令　2-7　　成分検査

ガスの成分検査に関して誤っているものはいくつあるか。

a　小売・一般ガス導管事業者は、供給するガスの成分（メタン等一定
　　のものを除く）のうち、人体に危害を及ぼし、または物件に損害を与
　　えるおそれのあるものの量が省令で定める数量を超えていないかどう
　　かを検査し、その量を記録し、これを保存しなければならない。

b　ガスの使用者に対し、専用の導管により大口供給を行う場合にあっ
　　ては、検査することを要しない。

c　天然ガスまたは、プロパン、ブタン、プロピレン、もしくはブチレ
　　ンを主成分とするガス及び、これらを原料として製造されたガス、並
　　びにこれらのガスに空気を混入したガスは、成分検査は不要である。

d　硫黄全量の超えてはならない値は、0.2g／m^3、硫化水素は、0.5g／
　　m^3、アンモニアは、0.02g／m^3である。

e　毎週1回、硫黄全量、硫化水素、アンモニアを製造所の出口及び他
　　の者から導管によりガスの供給を受ける事業場の出口において測定・
　　記録し、その記録の保存期間は1年間である。

　　①　0　　　②　1　　　③　2　　　④　3　　　⑤　4

解答解説　　解答②

d　が誤り。硫黄全量の超えてはならない値は、0.5g／m³、硫化水素は、0.02g／m³、アンモニアは、0.2g／m³ である。

法 23 条規 22 条ほかを参照

 法令 **2－8　　保安規程（1）**

ガス事業者に課せられる保安規程に関する説明で、誤っているものはいくつあるか。

a　ガス事業者は、ガス事業の用に供するガス工作物の工事、維持、運用に関する保安を確保するため、省令に定めるところにより、保安規程を定め、事業の開始前に経済産業大臣の許可を受けなければならない。

b　ガス事業者は、保安規程を変更したときは、遅滞なく、変更した事項を経済産業大臣に届け出なければならない。

c　経済産業大臣は、ガス事業の用に供するガス工作物の工事、維持、運用に関する保安を確保するため、必要があると認めるときは、ガス事業者に対し、保安規程を変更すべきことを命ずることができる。

d　ガス事業者及びその使用者は、保安規程を守らなければならない。

① 0　　　② 1　　　③ 2　　　④ 3　　　⑤ 4

解答解説　　**解答③**

a　ガス事業者は、ガス事業の用に供するガス工作物の工事、維持、運用に関する保安を確保するため、省令に定めることにより、保安規程を定め、事業の開始前に経済産業大臣に届け出なければならない。

d　ガス事業者及びその従業者は、保安規程を守らなければならない。

法 24 条ほかを参照

 2-9　保安規程（2）

保安規程に定めるべき事項に関することで、誤っているものはどれか。

① ガス主任技術者の職務の代行者を定める必要がある。

② ガス工作物の工事、維持又は運用に従事する者に対する保安教育を定める必要がある。

③ サイバーセキュリティ対策の確保を定める必要がある。

④ 消費機器業務に従事する者に対する保安教育を定める必要がある。

⑤ 保安規程には、「ガス事業者の連携協力に関すること」を定める規定はない。

解答解説　**解答④**

④ 消費機器業務に従事する者に対する保安教育は、定める必要はない。

規 24 条ほかを参照

 2-10　ガス主任技術者（1）

ガス主任技術者資格の交付、返納、解任に関する内容で、誤っているものはどれか。

① ガス事業者は、ガス主任技術者試験の合格者であって、省令で定める実務の経験を有するもののうちから、ガス主任技術者を選任し、ガス事業の用に供するガス工作物の工事、維持、運用に関する保安の監督をさせなければならない。

② 経済産業大臣は、ガス主任技術者免状の返納を命ぜられ、その日から２年を経過しないものに、ガス主任技術者免状の交付を行わないことができる。

③ 経済産業大臣は、ガス主任技術者免状の交付を受けている者がこの法律、命令、処分に違反したときは、そのガス主任技術者免状の返納を命ずることができる。

④ ガス工作物の工事、維持、運用に従事する者は、ガス主任技術者が保安のためにする指示に従わなければならない。

⑤ 経済産業大臣は、ガス主任技術者がこの法律、命令、処分に違反したとき、ガス事業者に対しガス主任技術者の解任を命ずることができる。

解答解説　　解答②

② ガス主任技術者免状の返納を命ぜられ、その日から１年を経過しないものに、ガス主任技術者免状の交付を行わないことができる。

２年は、ガス事業法等に基づく命令・処分に違反し、罰金以上の刑に処せられ、その執行を終わり、又は受けることがなくなった日から２年を経過しない者である。

法 25、27、30 〜 31 条ほかを参照

法令 2–11　　**ガス主任技術者（2）**

法令で規定されているガス主任技術者に関する次の記述のうち、いずれも誤っているものはどれか。

a　ガス工作物の設置の工事であって、経済産業省令で定める工事に従事する者は、ガス主任技術者でなければならない。

b 一般ガス導管事業者は、ガス主任技術者を選任するときは、事前に
その旨を経済産業大臣に届け出なければならない。これを解任すると
きも同様とする。

c ガス主任技術者試験は、ガス工作物の工事、維持及び運用に関する
保安に関して必要な知識及び技能について行う。

d ガス主任技術者は、誠実にその職務を行わなければならない。

e 経済産業大臣の免状返納命令はガス主任技術者となりうる資格をは
く奪するものに対し、解任命令の効果は一般的に資格まではく奪する
ものではない。

① a、b ② a、c ③ b、d ④ c、d ⑤ d、e

解答解説 解答①

a ガス工作物の工事、維持、運用に従事する者は、ガス主任技術者が
その保安のためにする指示に従わなければならない。

b 一般ガス導管事業者は、ガス主任技術者を選任したときは、遅滞な
く、その旨を経済産業大臣に届け出なければならない。これを解任し
たときも同様とする。

法30条2ほか、法65条2、法29条1，法30条1ほか、法67条、
法令テキストP19ほか を参照

法令 **2-12 ガス主任技術者（3）**

ガス主任技術者免状による監督の範囲について、誤っているものはいく
つあるか。

a 甲種ガス主任技術者免状での保安の監督の範囲は、ガス工作物の工

事、維持、運用である。

b 乙種ガス主任技術者免状では、最高使用圧力が中圧及び低圧のガス工作物の工事、維持、運用は保安の監督範囲である。

c 乙種ガス主任技術者免状では、高圧の移動式ガス発生設備の工事、維持、運用は、保安の監督範囲外である。

d 乙種ガス主任技術者の選任に際しては、乙種ガス主任技術者免状の交付を受けている者にあっては、実務の経験は1年以上である。

e 丙種ガス主任技術者免状では、特定ガス工作物の工事、維持、運用は監督の範囲である。

① 0　　② 1　　③ 2　　④ 3　　⑤ 4

解答解説　**解答③**

c 乙種ガス主任技術者免状では、高圧の移動式ガス発生設備の工事、維持、運用は、保安の監督範囲である。

d 乙種ガス主任技術者の選任に際しては、乙種ガス主任技術者免状の交付を受けている者にあっては、実務の経験を要しない。

法26条、規30条ほかを参照

 法令 3－1　　**事故報告（1）**

次のガス事故のうち、経済産業大臣に事故報告することが法令で規定されているものの組合せはどれか。ただし、自然災害又は火災による広範囲の地域にわたるガス工作物の損壊事故、製造支障事故又は供給支障事故であって、経済産業大臣が指定するものを除く。

a ガス栓の欠陥により人が酸素欠乏症となった事故

b 供給支障戸数が 500 の供給支障事故

c 工事中のガス工作物（ガス栓を除く）の欠陥により人が死亡した事故

d 消費機器から漏えいしたガスに引火することにより、発生した物損事故 *R1

e ガス発生設備の運転を停止した時間が 12 時間の製造支障事故

① a、b ② a、c ③ b、c ④ c、e ⑤ d、e

解答解説 解答③

a、d、eは所轄の産業保安監督部長である。eは、24 時間以上が大臣報告である。

報告規則 4 条を参照

*R1 消費機器の使用に伴い人が死亡した事故の報告は、産業保安監督部長のみである。

法令 3-2 事故報告（2）

次のガス事故のうち、ガス事故速報を報告することが法令で規定されているものはいくつあるか。

a ガス栓の欠陥によりガス栓から漏えいしたガスに引火することにより、発生した負傷事故

b ガス栓の欠陥により人が中毒した事故

c ガス工作物（ガス栓を除く。）を操作することにより人が酸素欠乏症となった事故

d 低圧の主要なガス工作物の損壊事故

e　消費機器から漏えいしたガスに引火することにより、発生した物損
　　事故（消費機器が損壊した事故であって、人が死亡せず、又は負傷し
　　ないものに限る。）

　　①　1　　　　②　2　　　　③　3　　　　④　4　　　　⑤　5

解答解説　　解答③

　d、eが速報の対象外。

　dは高圧・中圧の主要なガス工作物の損壊事故（製造所に設置されたも
のは除く）は速報対象である。eは法改正で除外されている。

　報告規則4条を参照

法令 3 - 3　　**ガス事故報告（3）**

　次のガス事故のうち、ガス事故速報を報告することが法令で規定されて
いる事故に、いずれも該当しないものの組合せはどれか。

　ただし、自然災害又は火災による広範囲の地域にわたるもので、経済産
業大臣が指定するものは除く。

a　ガス工作物（ガス栓を除く）の損傷により人が負傷した事故

b　製造支障事故であって、製造支障時間が24時間のもの

c　供給支障事故であって、供給支障戸数が50戸のもの

d　最高使用圧力が低圧の主要なガス工作物（ガス栓を除く）の損壊事
　　故

e　ガス栓の損壊によりガス栓から漏えいしたガスに引火することによ
　　り、発生した負傷事故

① a、b   ② a、c   ③ b、d   ④ c、d   ⑤ d、e

解答解説　解答④

　c　供給支障事故であって、供給支障戸数が 100 戸以上のもの

　d　最高使用圧力が高圧・中圧の主要なガス工作物（ガス栓を除く）の
　　　損壊事故は規定されているが、高圧・中圧の製造所設置及び低圧は規
　　　定されていない。

報告規則 4 条を参照

法令　**3-4**　　**事故報告（4）**

規則に定める事故速報の報告期限で、正しいものはいくつあるか。

　a　500 戸以上の供給支障事故……事故発生時から 24 時間以内可能な
　　　限り速やかに

　b　100 戸以上 500 戸未満の供給支障事故（保安閉栓を除く）……事故
　　　発生時から 24 時間以内可能な限り速やかに

　c　自然災害又は火災による広範囲の地域にわたるガス工作物の損壊、
　　　製造支障、供給支障事故で経済産業大臣が指定するもの……経済産業
　　　大臣が指定する期限

　d　ガス工作物の欠陥・損傷・破壊又はガス工作物の操作により、一般
　　　公衆に対し、避難、家屋の損壊、交通の困難等を招来した事故……事
　　　故発生時から 24 時間以内可能な限り速やかに

　e　消費機器又はガス栓の使用に伴う死亡・中毒・酸欠事故……事故発
　　　生時から 24 時間以内可能な限り速やかに

解答解説　　解答③

d　ガス工作物の欠陥・損傷・破壊又はガス工作物の操作により、一般
公衆に対し、避難、家屋の損壊、交通の困難等を招来した事故……速
報は不要。

e　消費機器又はガス栓の使用に伴う死亡・中毒・酸欠事故……事故発
生を知った時から 24 時間以内可能な限り速やかに報告。

報告規則 4 条を参照

法令 3 – 5　　**事故報告（5）**

一般ガス導管事業者が託送供給するガスに係る事故に関する次の説明の
うち、法令に基づき一般ガス導管事業者が事故報告をしなければばらないも
のはいくつあるか。

a　ガス栓の欠陥によりガス栓から漏えいしたガスに引火することによ
り発生した負傷事故

b　ガス栓の使用に伴い人が酸素欠乏症となった事故

c　一般ガス導管事業者又はガス小売事業者のいずれに係るものである
か特定できない事故

d　消費機器の使用に伴い人が中毒となった事故

e　消費機器から漏えいしたガスに引火することにより発生した物損事
故

① 1　　　　② 2　　　　③ 3　　　　④ 4　　　　⑤ 5

解答解説　　解答②

　原則、a，cは、一般ガス導管事業者。b，d，eは、ガス小売事業者。bはガス小売事業者であることに注意。

　報告規則4条を参照

 法令　**4－1**　　**工事計画（1）**

　一般ガス導管事業者の工事計画に関する説明で誤っているものはいくつあるか。*R1

　a　工事計画の事前届出の対象は、一般ガス導管事業の用に供するガス工作物の設置又は変更の工事であって、省令で定めるもの。ただしガス工作物が滅失・損壊した場合又は災害その他非常の場合においてやむを得ない一時的な工事としてするときは、この限りではない。

　b　一般ガス導管事業者は、届出した工事計画を変更しようとする時も届け出なければならない。

　c　届出されてから30日経過後でなければ工事を開始してはならない。

　d　大臣が、1）省令で定める技術基準に適合、2）ガスの円滑な供給を確保するため技術上適切なものであること、と認める場合は、cの期間を短縮できる。

　e　大臣はd1）2）に適合しないと認めるときは、一定の期間内に限り、その工事の計画を変更し、または廃止すべきことを命ずることができる。

　　　① 0　　　　② 1　　　　③ 2　　　　④ 3　　　　⑤ 4

c が誤り。

c　届出が受理されてから 30 日経過後でなければ工事を開始してはならない。

法 68 条ほかを参照

*R1　ガス事業者は、そのガス事業の用に供するため、道路、橋、溝、河川、堤防その他公共の用に供せられる土地の地上又は地中に導管を設置する必要があるときは、その効用を妨げない限度において、その管理者の許可を受けて、これを使用することができる。法 166 条の 1

法令 4 − 2　　**工事計画（2）**

規則 39 条に定める工事計画の届け出に該当するものはいくつあるか。 *R3

a　改造であって、20%以上の能力の変更を伴うガス発生器（変更後の最高圧力が高圧となるものに限る）。

b　最高使用圧力が高圧の増熱器の位置の変更。

c　ガスホルダーの改造であって、型式の変更を伴い、変更後の圧力が高圧のもの。

d　導管の工事で、最高使用圧力が高圧の 500m 以上の取替設置。

e　配管の設置で、最高使用圧力が高圧のもの又は液化ガス用のものであって、内径が 150mm 以上のものに限る。

① 1　　　② 2　　　③ 3　　　④ 4　　　⑤ 5

解答解説　解答⑤

全て該当する。問題文は代表的なものを挙げたが、過去問の出題（届け

出内容）は、限定されている。

規 39 条ほか別表第 1 を参照

*R3 供給所の変更の工事のうち、最高使用圧力の変更を伴う整圧器の改造工事で
あって、変更後の最高使用圧力が高圧となるものは、工事計画を経済産業大臣に届
け出なければならない。規則 97 条 1 別表第 1 五 3(1)

法令　4 - 3　　使用前検査

ガス事業法に定める使用前検査に関する説明で誤っているものはどれか。

① 　工事計画の届出をして設置または変更の工事をするガス工作物であ
って、省令で定めるものが対象で、自主検査を行い、その結果につい
て登録ガス工作物検査機関が行う検査を受け、合格した後でなければ
使用してはならない。ただし、試験のために使用する場合等の例外が
ある。　*1R2

② 　各部の損傷、変形等の状況並びに機能及び作動の状況について合格
条件に適合していることを確認するために十分な方法で行う。

③ 　自主検査の記録を作成し、3 年間保存しなければならない。また、
電磁的方法により作成し、保存することができる。この場合、直ちに
表示されることができるようにしておかなければならない。　*2R1

④ 　登録ガス工作物検査機関は、ガス製造事業者又は一般ガス導管事業
者の使用前検査を行った場合において、やむを得ない場合、期間・使
用方法を定めて仮合格とすることができる。この場合、経済産業大臣
の承認を受けなければならない。

解答解説　　解答③

記録の保存期間は 5 年間である。

法 33 条ほかを参照

法令 **4 - 4   定期自主検査**

ガス事業法に定める定期自主検査について、誤っているものはいくつあるか。

a 高圧のガスホルダー、導管、整圧器、移動式ガス発生設備は、定期自主検査の対象である。

b 検査の時期は、ガスホルダーは25月、導管・整圧器は37月である。

c 検査の方法は、開放、分解その他各部の損傷、変形及び異常の発生状況を確認するための十分な方法、または、試運転その他の機能及び作動の状況を確認するために十分な方法で検査する。

d 検査記録を作成し、これを5年間保存しなければならない。

　①　0　　　　②　1　　　　③　2　　　　④　3　　　　⑤　4

解答解説　　解答③

a 高圧のガスホルダー、導管、整圧器は、定期自主検査の対象であるが、移動式ガス発生設備は、対象外である。

b 検査の時期は、ガスホルダー・導管は25月、整圧器は37月である。

法34条規48 ～ 49条ほかを参照

法令 5-1　　立ち入りの防止他

立ち入り、保安通信設備、ガスの滞留防止の技術基準に関する説明で、誤っているものはどれか。 ＊R4

① 製造所及び供給所には構内にみだりに立ち入らないよう、適切な措置を講じなければならない。ただし周囲の状況により公衆が立ち入る恐れがない場合は、この限りでない。移動式ガス発生設備、整圧器（一の使用者に供給するものを除く）は、公衆がみだりに操作しないよう、適切な措置を講じなければならない。

② 製造所（特定製造所を除く）、供給所及び導管を管理する事業場には、緊急時に迅速な通信を確保するため、適切な通信設備を設けなければならない。

③ 製造所もしくは供給所に設置するガスもしくは液化ガスを通ずるガス工作物又は大容量移動式ガス発生設備には、その規模に応じて、適切な防消火設備を適切な箇所に設けなければならない。

④ ガス又は液化ガスを通ずるガス工作物を設置する室（製造所及び供給所に存するものに限る。）は、これらのガス又は液化ガスが漏えいしたとき滞留しない構造でなければならない。

⑤ 製造所には、ガス又は液化ガスを通ずるガス工作物から漏えいしたガスが滞留するおそれのある製造所内の適当な場所に、当該ガスの漏えいを適切に検知し、かつ、遮断する設備を設けなければならない。

解答解説　　**解答⑤**

⑤ 〜ガスの漏えいを適切に検知し、かつ、警報する設備を設けなければならない。

技省令４〜５、８〜９条を参照

＊R4　特定事業所における高圧のガス又は液化ガスをを通ずるガス工作物（配管及

第6章　法令科目

261

び導管を除く。）は、ガス又は液化ガスが漏えいした場合の災害の発生を防止するために、設備の種類及び規模に応じ、保安上適切な区画に区分して設置しなければならない。技省令 7 条

法令 5-2   離隔距離（1）

技術基準に定める最低の離隔距離（設備の外面から事業場境界までの距離）について、誤っているものはどれか。ただし、いずれも特定事業所ではなく、周辺に保安物件はなく、境界線は海などに接していない。また、記述がないものは境界線上には告示で定める隔壁もない。 *1R2 *2R4

a　最高使用圧力が高圧のガス発生器（移動式ガス発生設備を除く）の事業場境界線までの距離を 15m 取った。

b　最高使用圧力が中圧のガスホルダーの事業場境界線までの距離を 10m 取った。

c　b のガスホルダーで、事業場の境界線上に高さ 2m、厚さ 9cm の鉄筋コンクリート製隔壁が設置されている場合、事業場の境界線までの距離を 5m 取った。

d　最高使用圧力が低圧のガス発生器（移動式ガス発生設備を除く）の事業場から境界線までの距離を 3m 取った。

e　大容量移動式ガス発生設備（保有能力が液化ガス 100kg、圧縮ガス 30m³ を超えるもの）は、他の移動式ガス発生設備に対し、保安上必要な距離を有するものでなければならない。

①　a、b　　②　a、d　　③　b、c　　④　c、d　　⑤　d、e

解答解説　解答②

a　最高使用圧力が高圧のガス発生器（移動式ガス発生設備を除く）の

事業場境界線までの距離は 20m 以上である。

d　最高使用圧力が低圧のガス発生器（移動式ガス発生設備を除く）の
事業場から境界線までの距離は 5m 以上である。

技省令 6 条 8、告示 2 条を参照

*1R2　ガスの種類、ガス工作物の状況、周囲の状況等の理由により経済産業大臣
の認可を受けた場合は、告示で定める距離を有しないでガス工作物を施設すること
ができる。技省令 6 条 4

*2R4　液化ガス用貯槽（不活性の液化ガス用のもの、貯蔵能力が 3 t 未満のもの
及び地盤面下に全部埋設されたものを除く。）とガスホルダー（最高使用圧力が高
圧のものに限る。）との相互間は、ガス又は液化ガスが漏えいした場合の災害の発
生を防止するために、保安上必要な距離を有しなければならない。技省令 6 条 7

法令　5-3　離隔距離（2）

　技術基準に定める離隔距離の保安物件の告示で定める第 1 種保安物件に
該当しないものはどれか。但し、事業場の存する敷地と同一内にあるもの
を除く。

①　学校教育法に定める小学校

②　医療法に定める病院

③　収容定員 200 人以上の劇場

④　老人福祉法に定める定員 20 人以上の有料老人ホーム

解答解説　解答③

③は、収容定員 300 人以上のものが該当する。

第 1 種保安物件とはおおむね、下記を指す。

（1）小・中・高校・高専、ろう学校、養護学校、幼稚園

（2）病院（3）劇場、映画館、演芸場、公会堂で収容定員 300 人以上

（4）児童福祉施設、有料老人ホーム等で収容定員 20 人以上

（5）重要文化財等の建築物　（6）博物館　（7）1日2万人以上が昇降する駅
（8）1000m² 以上の百貨店・スーパー・公衆浴場・ホテル旅館等
技省令6条告示3条を参照

法令 5-4　　ガス工作物の解釈例

ガス工作物に関する次の行為のうち，技術基準に適合していないものは
いくつあるか。

a　製造所において、構内に公衆が立ち入るおそれがあるため、さくの
　設置とガス工作物への接近禁止措置表示を行った。

b　導管を管理する事業場において、緊急時に迅速な通信を確保するた
　め、加入電話設備を設置したが、衛星電話は設置しなかった。

c　移動式ガス発生設備以外の高圧のガス発生器の外部から事業場の境
　界線までの離隔距離を20 m以上確保したが、移動式ガス発生設備に
　ついては20 m以上確保しなかった。

d　製造所において、ガス工作物から漏えいした13A ガスが滞留するお
　それのある製造所内の適当な場所に、当該ガスの漏えいを適切に検知
　する設備を設けたが、警報する設備は設けなかった。

e　液化ガスを通ずるガス工作物に生ずる静電気によりガスに引火する
　おそれがあったため、静電気を除去する措置として接地棒を設置した。

①　1　　　②　2　　　③　3　　　⑤　4　　　⑤　5

解答解説　　解答①

d　〜当該ガスの漏えいを適切に検知し、警報する設備を設ける。
技省令4、5、6、9、12条を参照

a、b、eは技術基準の解釈例である。技術基準の解釈例が設問になったのは筆者の知る限り初めてである。

 法令 5-5　　ベントスタック他

技術基準に関する説明で、誤っているものはどれか。 ＊R2

① 製造所もしくは供給所に設置するガスもしくは液化ガスを通ずる工作物又は移動式ガス発生設備の付近に設置する電気設備は、その設備場所の状況及び当該ガス又は液化ガスの種類に応じた防爆性能を有するものでなければならない。

② 液化ガスを通ずるガス工作物には、当該ガス工作物に生ずる静電気を除去する措置を講じなければならない。ただし、当該静電気によりガスに引火する恐れがない場合にあっては、この限りでない。

③ ガス発生設備、ガス精製設備、排送機、圧送機、ガスホルダー及び付帯設備であって、製造設備に属するもののガス又は液化ガスを通ずる部分（不活性のガス又は液化ガスのみを通ずるものを除く。）は、ガス又は液化ガスを安全に置換できる構造でなければならない。

④ ベントスタックには、放出したガスの輻射熱が周囲に障害を与えるおそれがないように適切な措置を講じなければならない。

⑤ 毒性ガスを冷媒とする冷凍設備にあっては、冷媒ガスを廃棄する際にそのガスが危険又は損害を他に及ぼすおそれのないように廃棄される構造のものでなければならない。

解答解説　　**解答④**

④ ベントスタックには、放出したガスが周囲に障害を与えるおそれがないように適切な措置を講じなければならない。

フレアースタックには、当該フレアースタックにおいて発生する輻射熱が周囲に障害を与えないよう適切な措置を講じ、かつ、ガスを安全に放出するための適切な措置を講じなければならない。

技省令 10 ～ 13 条を参照

*R2 ガス発生設備及び附帯設備であって製造設備に属するものの液化ガスを通ずる部分は、液化ガスを安全に置換できる構造でなければならない。技省令 13 条 1

法令 5－6 　主要材料

ガス工作物の主要材料は、最高使用温度及び最低使用温度において材料に及ぼす化学的及び物理的影響に対し、設備の種類、規模に応じて安全な機械的性質を有するものでなければならないとされている。これに該当する材料はいくつあるか。

a　ガス発生設備の内面に 0Pa を超える圧力を受ける部分（石炭を原料とするものを除く）

b　ガスホルダーのガスを貯蔵する部分

c　付帯設備（製造設備）の液化ガス用貯槽

d　導管及びガス栓

e　整圧器に取り付けるガス加温装置でガスを通ずる配管

① 1 　　　② 2 　　　③ 3 　　　④ 4 　　　⑤ 5

解答解説 　解答⑤

全て該当する。材料の対象は 13 項目あり、可能な限り学習されたい。

技省令 14 条を参照

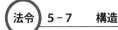
次のガス工作物のうち、ガス工作物の構造は、供用中の荷重並びに最高使用温度及び最低使用温度における最高使用圧力に対し、設備の種類、規模に応じて適切な構造でなければならない、とされている。これに該当するものはいくつあるか。 *R1

a　ガス発生設備及びガス精製設備に属する容器及び管のうち、ガスを通ずるものであって内面に 0.1MPa 以上の圧力を受ける部分

b　ガスホルダー

c　附帯設備であって製造設備に属する液化ガス用貯槽

d　附帯設備であって製造設備に属し、かつ、冷凍設備に属する容器及び管のうち、冷媒ガスを通ずる部分

e　附帯設備であって製造設備に属する配管（冷凍設備に属するものを除く。）のうち、不活性のガスを通ずるものであって内面に 0.2MPa の圧力を受ける部分

①　1　　　②　2　　　③　3　　　④　4　　　⑤　5

解答解説　解答③

a、e が誤り。a は 0.2MPa 以上、e は 1MPa 以上が該当する。構造の対象は 14 項目あり、可能な限り学習されたい。

技省令 15 条の 1 を参照

*R1　該当するものとして出題された項目
　・ガス栓　　・整圧器に取り付ける加温装置のガスを通ずる配管

法令 6 – 1 　　耐圧試験

技術基準に定める耐圧試験が不要なもので、誤っているものはどれか。

① 溶接により接合された導管（海底導管は除く）であって、非破壊試験を行ってこれに合格したもの。

② 延長が 20m 未満の最高使用圧力が高圧の導管及びその附属設備並びに中圧の導管及びその附属設備で、それらの継手と同一材料、同一寸法及び同一施工方法で接合された試験のための管について最高使用圧力の 1.1 倍以上の試験圧力で試験を行った時にこれに耐えるもの。

③ 排送機、圧送機、圧縮機、送風機、液化ガス用ポンプ、昇圧供給装置。

④ 整圧器及び、特定ガス発生設備に属する調整装置。

解答解説 　　解答②

② 延長が 15m 未満の<u>最高使用圧力が高圧の導管及びその附属設備並びに中圧の導管及びその附属設備</u>で、それらの継手と同一材料、同一寸法及び同一施工方法で接合された試験ための管について最高使用圧力の 1.5 倍以上の試験圧力で試験を行った時にこれに耐えるもの。

技省令 15 条の 2 を参照

法令 6 – 2 　　気密試験

技術基準に定める気密試験が不要なもので、誤っているものはどれか。

① ガス発生設備で石炭を原料とするもの

② 排送機、圧送機、圧縮機、送風機、液化ガス用ポンプ、昇圧供給装置

③　整圧器及び特定ガス発生設備に属する調整装置

④　最高使用圧力が0Pa以下のもの

⑤　常時大気に開放されているもの

解答解説　解答③

③は耐圧試験が不要なもの。

技省令15条の3を参照

法令　6−3　溶接部分

　ガス又は液化ガスによる圧力を受ける部分を溶接する場合は、適切な機械試験等により適切な溶接施工方法等であることをあらかじめ確認したものによらなければならない、とされているが、該当するガス工作物で誤っているものはどれか。

①　容器であって、0.2MPa以上のガスを通ずるもので、内容積が0.04m^{3}以上又は内径が200mm以上で、長さが1000mm以上のもの。

②　配管であって（内径が150mm以上のものに限る）、最高使用圧力が高圧のガスを通ずるもの。

③　配管であって（内径が150mm以上のものに限る）、液化ガスを通ずるもの。

④　導管であって、最高使用圧力が高圧のガスを通ずるもの。

⑤　導管であって、最高使用圧力が、中圧のガスを通ずるものであって、内径が150mm以上のもの。

解答解説　解答⑤

⑤　導管であって、最高使用圧力が0.3MPa以上の中圧のガスを通ずる

ものであって、内径が 150mm 以上のもの。

　問題文に加えて、該当するものには、容器であって、液化ガスを通ずる
もの（最高使用圧力を MPa で表した数値と内容積を m³ で表した数値との
積が 0.004 以下のものを除く）がある。

　技省令 16 条を参照

 6 - 4　　安全弁他

技術基準に関する記述のうち、誤っているものはどれか。

① 　ガス工作物のガスまたは液化ガスを通ずる部分であって、内面に零
　パスカルを超える圧力を受ける部分の溶接された部分は溶け込みが十
　分で、溶接による割れ等で有害な欠陥がなく、かつ、設計上要求され
　る強度以上の強度でなければならない。

② 　ガス発生設備、ガス精製設備、ガスホルダー及び付帯設備（一定の
　ものを除く）であって、最高使用圧力が高圧のものもしくは中圧のも
　の又は液化ガスを通ずるもののうち、過圧が生ずるおそれのあるもの
　は、その圧力を逃がすために適切な安全弁を設けなければならない。
　この場合において、当該安全弁は、その作動時に安全弁から吹き出さ
　れるガスによる障害が生じないよう施設しなければならない。

③ 　ガス発生設備（移動式ガス発生設備を除く）、ガス精製設備、ガスホ
　ルダー、排送機、圧送機及び付帯設備であって、製造設備に属するも
　のは、ガス又は液化ガスを通ずる設備の損傷を防止するため使用の状
　態を計測又は確認できる適切な装置を設けなければならない。

④ 　移動式ガス発生設備には、設備の損傷を防止するため使用の状態を
　計測又は確認できる適切な措置が講じられていなければならない。

⑤ 　ガス発生設備（移動式ガス発生設備を除く）、ガス精製設備、ガスホ

ルダー、排送機、圧送機、附帯設備にあって製造設備に属するものには、ガス又は液化ガスを通ずる設備の損傷に至るおそれのある状態を検知し、ガスを遮断する適切な装置を設けなければならない。

解答解説　　解答⑤

⑤　ガス発生設備（移動式ガス発生設備を除く）、ガス精製設備、ガスホルダー、排送機、圧送機、付帯設備にあって製造設備の属するものには、ガス又は液化ガスを通ずる設備の損傷に至るおそれのある状態を検知し、警報する適切な装置を設けなければならない。

技省令 16 〜 19 条を参照

 6−5　インターロック他

技術基準に関する記述のうち、誤っているものはいくつあるか。

a　製造所、供給所又は移動式ガス発生設備に設置できる遮断装置には、誤操作を防止し、かつ、確実に操作することができるインターロック機構を設けなければならない。

b　特定事業所に設置する高圧のガスもしくは液化ガスを通ずるガス工作物又は当該ガス工作物に係る計装回路には、当該設備の態様に応じ、保安上重要な箇所に、適切な誤操作防止機構を設けなければならない。

c　外部強制潤滑油装置を有する排送機又は圧送機には、当該装置の潤滑油圧が異常に低下した場合に、自動的に他の潤滑油装置を作動させ、又は自動的に排送機もしくは圧送機を停止させる装置を設けなければならない。

d　製造設備を安全に停止させるのに必要な装置その他の製造所及び供給所の保安上重要な設備には、停電等により当該設備の機能が失われ

ることのないよう適切な措置を講じなければならない。

e 特定事業所に設置する計器室は、緊急時においても当該ガス工作物
を安全に制御できるものでなければならない。

① 0   ② 1   ③ 2   ④ 3   ⑤ 4

解答解説　解答③

a 製造所、供給所又は移動式ガス発生設備に設置できる遮断装置には、
誤操作を防止し、かつ、確実に操作することができる措置を講じなけ
ればならない。

b 特定事業所に設置する高圧のガスもしくは液化ガスを通ずるガス工
作物又は当該ガス工作物に係る計装回路には、当該設備の態様に応じ、
保安上重要な箇所に、適切なインターロック機構を設けなければなら
ない。

技省令 20 ～ 21、23 条を参照

 法令 6-6　　**付臭措置**

技術基準に定める付臭措置の必要がないものは、いくつあるか。

a 中圧以上のガス圧力により行う大口供給の用に供するもの。

b 準用事業者がその事業の用に供するもの。

c 適切な漏えい検知装置が適切な方法により設置されているもの（低
圧により行う大口供給の用に供するもの及びガスを供給する事業を営
む他の者に供給するものに限る。）

d ガスの空気中の混合容積比率が 1／1000 である場合に臭気の有無
が感知できるもの。

e 12A 及び 13A 以外のガスグループに属するガスを供給する事業の
　用に供するもの。

① 0　　　② 1　　　③ 2　　　④ 3　　　⑤ 4

解答解説　解答⑤

e は誤り、除外されてはいない。

b 準用事業者は除外されている。

技省令 22 条、法 105 条を参照

法令 7 - 1　　ガス発生設備（1）

技術基準で定めるガス発生設備等で、誤っているものはいくつあるか。

a ガス発生設備（最高使用圧力が低圧のものに限り、特定ガス発生設
　備並びに移動式ガス発生設備及び液化ガスを通ずるものを除く）で、
　過圧を生じるおそれのあるものには、その圧力を逃がすために適切な
　圧力上昇防止装置を設けなければならない。

b 製造設備（ガスホルダー、液化ガス用貯槽及び特定ガス発生設備を
　除く）には、使用中に生じた異常による災害の発生を防止するため、
　その異常が発生した場合にガス又は液化ガスの流出及び流入を速やか
　に遮断することができる適切な装置を適切な箇所に設けなければなら
　ない。

c ガス（不活性のガスを除く）を発生させる設備（特定ガス発生設備
　及び移動式ガス発生設備を除く）は、使用中に生じた異常による災害
　の発生を防止するため、その異常が発生した場合に迅速かつ安全にガ
　スの発生を停止し、又は迅速かつ安全にガスを処理することができる
　ものでなければならない。

d　移動式ガス発生設備には、使用中に生じた異常による災害の発生を防止するため、その異常が発生した場合に迅速かつ安全にガスの発生を停止し、又は迅速かつ安全にガスを処理することができるものでなければならない。

e　移動式ガス発生設備は、ガス又は液化ガス（不活性のものを除く）が漏えいした場合の火災等の発生を防止するため、適切な場所に設置し、容易に移動又は転倒しないように適切な措置が講じられていなければならない。

①　0　　②　1　　③　2　　④　3　　⑤　4

解答解説　　解答②

d　移動式ガス発生設備には、使用中に生じた異常による災害の発生を防止するため、その異常が発生した場合に迅速かつ安全にガスの発生を停止することができる装置を設けなければならない。

技省令 25 ～ 28 条を参照

法令　7-2　　ガス発生設備（2）

技術基準に関する記述のうち、誤っているものはいくつあるか。

a　冷凍設備のうち冷媒ガスの通ずる部分であって過圧が生ずるおそれのあるものには、その圧力を逃すために適切な圧力上昇防止装置を設けなければならない。

b　ガスの通ずる部分に直接液体又は気体を送入する装置を有する製造設備（移動式ガス発生設備を除く）は、送入部分を通じてガスが逆流することによる設備の損傷又はガスの大気への放出を防止するため逆

流が生じない構造のものでなければならない。

c　液化ガス（不活性のものを除く）を気化する装置は、直火で加熱する構造のものであってはならない。

d　温水で加熱する構造の気化装置にあって、加熱部の温水が沸騰するおそれのあるものには、これを防止する措置を講じなければならない。

e　気化装置又はそれに接続される配管等には、気化装置から液化ガスの流出を防止する措置を講じなければならない。ただし、気化装置からの液化ガスの流出を考慮した構造である場合は、この限りでない。

① 0　　　② 1　　　③ 2　　　④ 3　　　⑤ 4

解答解説　**解答④**

b、d、eが誤り。

b　ガスの通ずる部分に直接液体又は気体を送入する装置を有する製造設備（移動式ガス発生設備を含む）は、送入部分を通じてガスが逆流することによる設備の損傷又はガスの大気への放出を防止するため逆流が生じない構造のものでなければならない。

d　温水で加熱する構造の気化装置にあって、加熱部の温水が凍結するおそれのあるものには、これを防止する措置を講じなければならない。

e　気化装置又はそれに接続される配管等には、気化装置から液化ガスの流出を防止する措置を講じなければならない。ただし、気化装置からの液化ガスの流出を考慮した設計である場合は、この限りでない。

技省令29～31条を参照

第6章　法令科目

275

移動式ガス発生設備の技術基準に関する記述のうち、正しいものはいく
つあるか。

a　大容量移動式ガス発生設備（保有能力が液化ガス 100kg、圧縮ガス
　　30m³ を超えるもの）は、他の移動式ガス発生設備に対し、保安上必
　　要な距離を有するものでなければならない。

b　移動式ガス発生設備には、使用中に生じた異常による災害の発生を
　　防止するため、その異常が発生した場合に迅速かつ安全にガスの発生
　　を停止することができる装置を設けなければならない。

c　移動式ガス発生設備は、ガス又は液化ガス（不活性のものを除く）
　　が漏えいした場合の火災等の発生を防止するため、適切な場所に設置
　　し、容易に移動又は転倒しないように適切な措置が講じられていなけ
　　ればならない。 *R1

d　ガスの通ずる部分に直接液体又は気体を送入する装置を有する製造
　　設備（移動式ガス発生設備を含む）は、送入部分を通じてガスが逆流
　　することによる設備の損傷又はガスの大気への放出を防止するため逆
　　流が生じない構造のものでなければならない。

①　0　　　　②　1　　　　③　2　　　　④　3　　　　⑤　4

解答解説　　解答⑤

全て正しい。移動式の記述は、他に技術基準の 4 条、10 ～ 11 条、18
条、20 条等がある。

技省令 6 の 8、27 ～ 28、30 条を参照

*R1　容器又は容器の設置場所には、容器内の圧力が異常に上昇しないよう適切な
温度に維持できる適切な措置を講じなければならない。技省令 28 条 3

次の特定ガス発生設備に関する次の記述のうち、誤っているものはどれか。

① 特定製造所とは、特定ガス工作物に係る製造所をいう。

② 特定ガス工作物とは、ガス工作物のうち特定ガス発生設備及び経済産業省令で定めるその附属設備（調整装置・特定ガス発生設備の設置場の屋根及び障壁）をいう。

③ 容器に付属する気化装置内において、ガスを発生させる特定ガス発生設備であって当該気化装置を電源によって操作するものは、自家発電機その他の操作用電源が停止した際にガスの供給を速やかに停止するための装置を設けなければならない。

④ 特定ガス発生設備には、容器の腐食及び転倒並びに容器のバルブの損傷を防止する適切な措置を講じなければならない。

⑤ 容器又は容器の設置場所には、容器内の圧力が異常に上昇しないよう適切な温度に維持できる適切な措置を講じなければならない。

解答解説　解答③

③容器に付属する気化装置内において、ガスを発生させる特定ガス発生設備であって当該気化装置を電源によって操作するものは、自家発電機その他の操作用電源が停止した際にガスの供給を維持するための装置を設けなければならない。

規則26条、187条、法123条、技省令42条、43条を参照

ガスホルダー等の技術基準で、誤っているものはどれか。

a　ガスホルダーであって、凝縮液により機能の低下又は損傷のおそれ
　があるものにはガスホルダーの凝縮液の発生を防止する装置を設けな
　ければならない。

b　ガスホルダーには、ガスを送り出し、又は受け入れるために用いら
　れる配管には、ガスが漏えいした場合の災害の発生を防止するため、
　ガスの流出及び流入を速やかに警報することができる適切な装置を適
　切な箇所に設けなければならない。

c　液化ガス用貯槽（不活性の液化ガス用のものを除く）及びガスホル
　ダー又はこれらの付近には、その外部から見やすいように液化ガス用
　貯槽又はガスホルダーである旨の表示をしなければならない。

d　低温貯槽（不活性の液化ガス用のものを除く）には、負圧による破
　壊を防止するため、適切な措置を講じなければならない。

e　液化ガス用貯槽には、当該貯槽からの液化ガスが漏えいした場合の
　災害の発生を防止するため適切な防液堤を設置しなければならない。
　ただし、貯蔵能力が 1000 t 未満もの及び埋設された液化ガス用貯槽
　であって、当該貯槽の内の液化ガスの最高液面が盛土の天端面下にあ
　り、かつ、当該貯槽の液化ガスの最高液面以下の部分と周囲の地盤と
　の間に空隙がないものは、この限りでない。

①　a　　　②　a、b　　　③　c　　　④　c、e　　　⑤　d

解答解説　　解答②

a　ガスホルダーであって、凝縮液により機能の低下又は損傷のおそれ
　があるものにはガスホルダーの凝縮液を抜く装置を設けなければなら

ない。

b 　〜ガスの流出及び流入を速やかに遮断することができる適切な装置
を適切な箇所に設けなければならない。

技省令 32 〜 35 条、38 条を参照

法令 8－2　　ガスホルダー・貯槽（2）

技術基準の記述で、誤っているものはいくつあるか。

a 　液化ガス用貯槽であって過圧が生ずるおそれのあるものには、その
圧力を逃がすために適切な安全弁を設けなければならない。この場合
において、当該安全弁は、その作動時に安全弁から吹き出されるガス
による障害が生じないように施設しなければならない。

b 　液化ガス用貯槽（埋設された液化ガス用貯槽にあっては、その埋設さ
れた部分を除く）又は最高使用圧力が高圧のガスホルダー及びこれら
の支持物は、当該設備が受けるおそれのある熱に対して十分に耐える
ものとし、又は適切な冷却装置を設置しなければならない。ただし、
不活性の液化ガス用貯槽であって、可燃性の液化ガス用貯槽の周辺に
ないものは、この限りではない。

c 　液化ガス用貯槽（不活性の液化ガス用のものを除く）には、当該貯
槽からの液化ガスが漏えいした場合の災害の発生を防止するため適切
な防液堤を設置しなければならない。

d 　cの防液堤の外面から防災作業のために必要な距離の内側には、液
化ガスの漏えい又は火災等の拡大を防止する上で支障のない設備以外
の設備を設置してはならない。

e 　液化ガス用貯槽（不活性の液化ガス用のものを除く）の埋設された部
分には、設置された状況により腐食を生ずるおそれがある場合には、

当該設備の腐食を防止するための適切な措置を講じなければならない。

① 0　　　② 1　　　③ 2　　　④ 3　　　⑤ 4

解答解説　解答①

全て正しい。

技省令 35、37 〜 39 条を参照

法令 9-1　　**防食・防護措置**

防食措置、防護措置に関する技術基準で、誤っているものはどれか。 *R4

a　導管には、設置された状況により腐食を生ずるおそれのある場合に
あっては、当該導管の腐食を防止するための適切な措置を講じなけれ
ばならない。

b　導管（最高使用圧力が低圧の導管であって、内径が 50mm 未満のも
のを除く。）であって、道路の路面に露出しているものは、車両の接触
その他の衝撃により損傷のおそれのある部分に衝撃により損傷を防止
するための措置を講じなければならない。

c　道路に埋設される本支管（最高使用圧力が 2 kPa 以上のポリエチレ
ン管に限る。）には、掘削等による損傷を防止するための適切な措置を
講じなければならない。

d　道路以外の地盤面下に埋設される本支管（最高使用圧力が低圧のも
の（ポリエチレン管にあっては、最高使用圧力が 2 kPa を超えないもの
に限る。）及び他工事による損傷のおそれのないものを除く。）には、
掘削等による損傷を防止するための適切な措置を講じなければならな
い。

① a、c　② a、b、c　③ b、c　④ b、c、d　⑤ c、d

解答解説　解答④

　b、c、dが誤り。b～内径が100mm未満のものを除く。c～最高使用圧力が5kPa以上のポリエチレン管に限る。d～ポリエチレン管にあっては、最高使用圧力が5kPaを超えないものに限る。

　技省令47～48条を参照

解説図　導管の防護措置

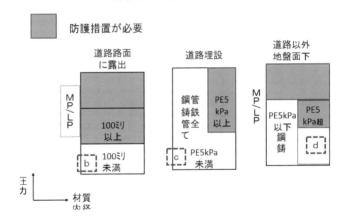

防護措置が必要

道路路面に露出
道路埋設
道路以外地盤面下

MP/LP
100ミリ以上
b　100ミリ未満

鋼管鋳鉄管全て
PE5kPa以上
c　PE5kPa未満

MP/LP
PE5kPa以下鋼鋳
PE5kPa超
d

圧力
材質
内径

*R4　水のたまるおそれのある導管には、適切な水取器を設けなければならない。
技省令46条

法令 9-2　ガス遮断装置（1）

　最高使用圧力が高圧又は中圧の本支管には、危急の場合にガスを速やかに遮断できる適切な装置を（　）に設けなければならない。（　）に入るのは何か。

① 適切な場所

② 特定地下街等において災害が発生した場合に、当該災害により妨げられない場所

③ 屋内、屋外から容易に出入りできる箇所等

④ 導管が当該建物の外壁を貫通する箇所の付近

⑤ ガスを速やかに遮断することができる場所

解答解説　　**解答①**

なお、この場合、解釈例では本支管の分岐点付近等とされている。

技省令 49 条を参照

法令 9 - 3　　**ガス遮断装置（2）**

「低圧の本支管であって特定地下街等へのガスの供給に係るもの」の設置すべき装置等として正しいものはどれか。

① 危急の場合にガスを速やかに遮断することができる適切な装置

② 特定地下街等へのガスの供給を容易に遮断できる適切な措置

③ 危急の場合に当該地下等へのガスの供給を地上から速やかに遮断できる適切な装置

④ 危急の場合に建物へのガスの供給を、当該建物内におけるガス漏れ等の情報を把握できる適切な場所から、直ちに遮断することができる適切な装置

⑤ 特定地下街等へのガスの供給を容易に遮断できる適切な装置

解答解説　　**解答②**

②のみ、「装置」でなく、「措置」である。また、②の設置すべき場所は、

「特定地下街等において災害が発生した場合に当該災害により妨げられない箇所」となっている。

　技省令 49 条を参照

 法令 **9 – 4** **ガス遮断装置（3）**

　次の導管のうち技術基準でガス遮断装置を設けることが規定されているものはいくつあるか。

　a　ガスの使用場所である地下室等にガスを供給する最高使用圧力が低圧の導管

　b　特定地下街等にガスを供給する最高使用圧力が低圧の導管

　c　ガスの使用場所である高層建物にガスを供給する最高使用圧力が低圧の導管

　d　ガスの使用場所である一般集合住宅にガスを供給する最高使用圧力が低圧で内径 100mm の導管

　e　ガスの使用場所である一般業務用建物にガスを供給する最高使用圧力が中圧で内径 50mm の導管

　　① 1　　　② 2　　　③ 3　　　④ 4　　　⑤ 5

解答解説　**解答⑤**

　全て該当する。技省令 49 条 4 で a の「地下室等」は、ガスの使用場所である地下室、地下街、その他地下であってガスが充満するおそれのある場所、と定義されている。

　技省令 49 条を参照

対象	場所	装置
(1) 高中圧本支管	適切な場所	危急遮断
(2) 低圧本支管で特地下等	災害妨げられない	容易遮断措置
(3)・超高層等 ・中圧供給建物 ・低圧 70A 以上供給建物	適切な場所	危急遮断
(4) 地下室ガス充満「地下街等」	地下室付近	地上遮断
(5) 特定地下街等	外壁貫通	情報把握遮断
(6) 中圧建物等・工場等例外有	外壁貫通	情報把握遮断

c
e
d
a
b
e

法令 9−5　遮断機能を有するガスメーター

　技術基準で規定されているガス遮断機能を有するガスメーターに関する次の記述のうち、（　）の中の（ a ）〜（ e ）に当てはまる組合せとして正しいものはどれか。

　ガス事業者がガスの使用者との取引のために使用するガスメーター（最大使用量流量が毎時（ a ）m^3 以下、使用最大圧力が（ b ）kPa 以下及び口径（ c ）mm 以下のものに限る。）は、ガスが流入している状態において、災害の発生のおそれのある大きさの地震動、過大なガスの流量又は異常なガス圧力の低下を検知した場合に、ガスを速やかに遮断する機能を有するものでなければならない。ただし、次の各号のいずれかに該当する場合は、この限りでない。

　一　当該機能を有するガスメーターを取り付けることにつき、（ d ）に承諾を得ることができない場合

　二　（ e ）により、当該機能が有効に働き得ない場合

　①　（ a ）160　　（ b ）5　　（ c ）250　　（ d ）ガスの使用者

（e）電池の電圧低下

② （a）160　（b）5　（c）500　（d）所有者又は占有者
（e）設置場所の状況

③ （a）16　（b）5　（c）500　（d）ガスの使用者
（e）電池の電圧低下

④ （a）16　（b）4　（c）250　（d）ガスの使用者
（e）設置場所の状況

⑤ （a）16　（b）4　（c）500　（d）所有者又は占有者
（e）電池の電圧低下

解答解説　解答④

技省令50条を参照

法令 9-6　　漏えい検査

技術基準で定める下表の漏えい検査で、誤っているものはいくつあるか。なお、特定地下街又は地下室ではなく、検査装置は設置されておらず、検査では導管が設置されている場所に立ち入ることができるものとする。 *1R2 *2R3

① 1　　② 2　　③ 3　　④ 4　　⑤ 5

	導管の種類	検査頻度
a	道路に埋設されている中圧の鋼管	埋設の日以後4年に1回以上
b	道路に埋設されているポリエチレン管	埋設の日以後4年に1回以上

c	道路に埋設されている導管からガス栓までに埋設されていて、本支管からガス栓までの間に絶縁措置が講じられており、当該絶縁措置が講じられた部分からガス栓までの間でプラスチックにて被覆された部分	埋設の日以後6年に1回以上
d	道路に埋設されている導管からガス栓までに設置されている屋外の埋設されていない部分	埋設の日以後6年に1回以上
e	道路に埋設されている導管からガス栓までに埋設されているポリエチレン管	埋設の日以後4年に1回以上

解答解説　解答③

b、d、eは漏えい検査は不要。

技省令51条を参照

*1R2　導管が設置されている場所に立ち入ることにつき、その所有者又は占有者の承諾を得ることができない場合、漏えい検査の対象から除外されている。技省令51条3二

*2R3　道路に埋設されている導管で最高使用圧力が高圧のものは、埋設の日以後1年に1回以上、適切な方法により検査を行い、漏えいが認められなかったものでなければならない。技省令51条1

法令　**9-7**　**技術基準全般**

基礎の構造、ガスホルダー、ガス栓、漏えい検査に関する技術基準の記述のうち、正しいものはどれか。

①　液化ガスを通ずる配管の基礎の構造は、不等沈下により当該ガス工作物に有害なひずみが生じないようなものでなければならない。

②　最高使用圧力が低圧のホルダーは、受けるおそれのある熱に対し十分耐えるものとし、又は適切な冷却装置を設置しなければならない。

③　告示で定める着脱が容易なガス栓は、内部に過流出安全機構を有するものが望ましい。

④ 漏えい検査を、基準日6月以内の期間に行った場合にあっては、基準日において当該検査を行ったものとみなす。

⑤ ガス事業者の掘削により周囲が露出することととなった導管の露出している部分の両端は、地崩れのおそれのない地中に支持されていなければならない。

解答解説 解答⑤

① 配管は例外規定に該当する。

② 最高使用圧力が高圧のホルダーは、受けるおそれのある熱に対し十分耐えるものとし、又は適切な冷却装置を設置しなければならない。

③ 告示で定める着脱が容易なガス栓は、内部に過流出安全機構を有するものでなければならない。

④ 漏えい検査を、基準日4月以内にの期間に行った場合にあっては、基準日において当該検査を行ったものとみなす。

技省令15条4、37条、45条2，51条4，54条1 を参照

法令 10-1　導管の設置場所

導管の設置場所等の技術基準の記述のうち、誤っているものはどれか。 *R4

① 高圧の導管は、建物の内部又は基礎面下（当該建物がガスの供給に係るものを除く）に設置してはならない。

② 特定地下街又は特定地下室等にガスを供給する導管は、適切なガス漏れ警報設備の検知区域において、当該特定地下街等又は当該特定地下室等の外壁を貫通するように設置しなければならない。

③ 中圧の導管であって、建物にガスを供給するものは、適切な自動ガ

ス遮断装置又は適切なガス漏れ警報器の検知区域において、当該建物の外壁を貫通するように、かつ、当該建物内において特定接合以外の接合を行う場合にあっては、検知区域において接合するように設置しなければならない。ただし、a 工場、廃棄物処理場、浄水場、下水処理場その他これらに類する場所に設置されるもの b ガスが滞留するおそれがない場所に設置されるものを除く。

④　導管を共同溝に設置する場合は、ガス漏れにより当該共同溝及び当該共同溝に設置された他の物件の構造又は管理に支障を及ぼすことがないように導管に適切な措置を講じ、かつ、適切な措置が講じられた共同溝内に設置しなければならない。

解答解説　解答③

（誤）当該建物内において特定接合以外の接合を

→（正）当該建物内において溶接以外の接合を

技省令 52 ～ 53 条を参照

＊R4　特定ガス発生設備により発生させたガスを供給するための導管を地盤面上に設置する場合においてその周辺に危害を及ぼすおそれのあるときは、その見やすい個所に供給するガスの種類、異常を認めたときの連絡先その他必要な事項を明瞭に記載した危険標識を設けること。技省令 52 条 2

法令　10-2　つり受け護

技術基準に定めるつり受け防護が必要な場合について、誤っているものはいくつあるか。

a　露出している状況が、鋼管であって接合部がないもの又は接合部の方法が溶接であるもので、堅固な地中に両端が支持されている場合は、5.0m を超える場合。

b 露出している状況が、鋼管であって接合部がないもの又は接合部の方法が溶接であるもので、両端部の状況がその他の場合は、2.5mを超える場合。

c 露出している部分に水取り器、ガス遮断装置、整圧器もしくは不純物を除去する装置がある場合。

d 露出している部分に溶接以外の接合部が2以上がある場合（これらの接合部のすべてが一の管継手により接合されている場合を除く。）

① 0　　② 1　　③ 2　　④ 3　　⑤ 4

解答解説　解答③

a、bが誤り。

両端部の状況露出部分の状況	堅固な地中に両端が支持	その他の場合
鋼管であって、接合部がない、又は接合部が溶接	a 6.0m	b 3.0m
その他	5.0m	2.5m

技省令54条の2を参照

法令 10-3　補強固定措置

技術基準で定める防護の基準で、補強、固定措置が必要な場合の措置について、正しいものはいくつあるか。

a 印ろう型接合部には、漏えいを防止する適切な措置を講ずる。

b 直管以外の管の接合部であって特定接合又は告示で定める規格に適合する接合以外の方法によって接合されているものには、漏えいを防止する適切な措置を講ずる。

c　特定接合とは、溶接、フランジ、融着接合である。

d　曲り角度が 45°を超える曲管部・分岐部・管端部には、導管の固定措置を講ずる。（ただし、露出部分の接合部が全て特定接合又は告示で定める規格に適合する接合である場合は不要）

① 0　　　② 1　　　③ 2　　　④ 3　　　⑤ 4

解答解説　　解答②

b　直管以外の管の接合部であって特定接合又は告示で定める規格に適合する接合以外の方法によって接合されているものには、抜け出しを防止する適切な措置を講ずる。

c　特定接合とは、溶接、フランジ、融着、ねじ接合である。

d　曲り角度が 30°を超える曲管部・分岐部・管端部には、導管の固定措置を講ずること。（ただし、露出部分の接合部が全て特定接合又は告示で定める規格に適合する接合である場合は不要）

技省令 54 条の 3 を参照

法令 **1 0−4　　　露出導管の防護検討**

下記の周囲が露出した導管について、ガス事業者が講じなければならない防護措置について、正しいものはどれか。

〈露出した導管〉露出した部分の長さ 20m　　印ろう型接合による口径 200mm の低圧導管　　直管　　地中に支持されている。

① つり又は受け防護

② つり又は受け防護　　漏えいを防止する措置

③ つり又は受け防護　　漏えいを防止する措置　　固定措置

④ つり又は受け防護　　漏えいを防止する措置　　抜け出し防止措置

⑤ つり又は受け防護　　漏えいを防止する措置　　抜け出し防止措置
　　固定措置

解答解説　　解答②

• つり又は受け防護……露出部分が 2.5 ～ 6.0m を超える場合（材料・
　接合・両端支持により異なる）等

• 漏えいを防止する措置……印ろう型接合

• 抜け出し防止措置……直管以外の接合部で、特定接合以外

• 固定措置……曲りが 30 度超の曲管部、分岐部、管端部（例外あり）
　技省令 54 条を参照

法令 　11-1　　整圧器

整圧器に関する技術基準で誤っているものはいくつあるか。＊1R3　＊2R3

a　最高使用圧力が高圧の整圧器には、ガスの漏えいによる火災等の発
　生を防止するための適切な措置を講じなければならない。

b　一の使用者にガスを供給するためのものには、整圧器の入り口には、
　不純物を除去する装置を設けること。

c　一の使用者にガスを供給するためのものには、ガスの圧力が異常に
　上昇することを防止する装置を設けること。

d　浸水のおそれのある地下に設置する整圧器には腐食を防止するため
　の措置を講じること。

e　ガス中の水分の凍結により整圧機能をそこなうおそれのある整圧器
　には、凍結を防止するための措置を講じること。

① 0　　　② 1　　　③ 2　　　④ 3　　　⑤ 4

　　解答③

b　整圧器の入り口には、不純物を除去する装置を設けること。ただし、一の使用者にガスを供給するためのものにあっては不要。

d　浸水のおそれのある地下に設置する整圧器には浸水を防止するための措置を講じること。

整圧器に関する技省令には他に、

• 57条の2　ガス遮断装置の設置

• 58条の3　整圧器の制御用配管、補助整圧器への耐震支持

が定められている。

技省令56〜58条を参照

*1R3　整圧器の入口にはガス遮断装置を設けなければならない。技省令57条2
*2R3　整圧器の制御用配管、補助整圧器その他の附属装置は、地震に対し耐えるよう支持されていなければならない。技省令58条3

法令　11-2　　**昇圧供給装置**

昇圧供給装置に関する技術基準で、誤っているものはいくつあるか。

a　昇圧供給装置の圧縮できるガスの量は、標準状態において毎時 18.5m^3 未満でなければならない。

b　昇圧供給装置には、適切な遮断装置を設けること。

c　昇圧供給装置には、当該装置の運転異常又は当該装置の取り扱いにより障害を生じないよう、適切な措置を講じなければならない。

d　昇圧供給装置には、容器の腐食及び転倒を防止する適切な措置を講

じること。

e　昇圧供給装置は、設置の日以後 25 月に 1 回以上適切な点検を行い、装置の異常が認められなかったものでなければ使用してはならない。

　　① 1　　　② 2　　　③ 3　　　④ 4　　　⑤ 5

解答解説　　解答③

b、d、e が誤り。

b　「遮断装置」ではなく、「過充てん防止装置」が正しい。

d　「容器の腐食及び転倒を防止する適切な措置を講じること。」ではなく、「容易に移動し又は転倒しないよう地盤又は建造物に固定すること。」である。問題文は移動式ガス発生設備の一部の条文。

e　昇圧供給装置は、設置の日以後 14 月に 1 回以上適切な点検を行い、装置の異常が認められなかったものでなければ使用してはならない。

技省令 60 〜 63 条を参照

法令　**12-1**　　**用語の定義**

　法令で規定する（　）の用語で、誤っているものはどれか。

　消費機器とは、ガスを消費する場合に用いられる①（機械または器具）（附属装置を含む）をいう。

　ガス用品とは、主として②（一般消費者等）（液化石油ガス法に規定する一般消費者等をいう）がガスを消費する場合に用いられる③（機械、器具又は材料）（液化石油ガス器具等を除く）であって、政令で定めるものをいう。

　特定ガス用品とは、構造、使用条件、使用状況等からみて特にガスによる

④（災害の発生のおそれ）が多いと認められる⑤（消費機器）であって、政令で定めるものをいう。

解答解説　**解答⑤**

⑤の（　）内は、はガス用品である。

法137、159条を参照

（法令）**１２−２　　ガス用品の定義**

次のうちガス用品に該当するものは、いくつあるか。（全て液化ガス石油用のものを除く。）

a　ガス瞬間湯沸器（ガス消費量70kW以下のもの）

b　ガスストーブ（ガス消費量19kW以下のもの）

c　ガスバーナー付ふろがま（ガス消費量21kW（専用の給湯部を有するものにあっては91kW以下）以下のもの）

d　ガスふろバーナー（ガス消費量21kW以下のものに限り、ふろがまに取り付けられているものを除く）

e　ガスこんろ（ガス消費量の総和が14kW（ガスオーブンを有するものにあっては、21kW）以下のものであって、こんろバーナー1個当たりのガスの消費量が5.8kW以下のもの）

　①　1　　　②　2　　　③　3　　　④　4　　　⑤　5

解答解説　**解答⑤**

全て正しい。

法137条令13条別表第1を参照

１２－３　特定ガス用品の定義

特定ガス用品は、下記のうちいくつあるか。（全て液化石油用ガス用のものを除く）

　a　ガス瞬間湯沸器（ガス消費量 70kW 以下のものに限り、密閉燃焼式、屋外式、開放燃焼式のものを除く）

　b　ガスストーブ（ガス消費量 19kW 以下のものに限り、密閉燃焼式、屋外式、開放燃焼式のものを除く）

　c　ガスバーナー付ふろがま（ガス消費量 21kW（専用の給湯部を有するのものにあっては、91kW）以下のものに限り、密閉燃焼式、屋外式のものを除く）

　d　ガスふろバーナー（ガス消費量 21kW 以下のものに限り、ふろがまに取り付けられているものを除く）

　e　ガスこんろ（ガス消費量の総和が 14kW（ガスオーブンを有するものにあっては、21kW）以下のものであって、こんろバーナー 1 個当たりのガスの消費量が 5.8kW 以下のもの）

　　① 0　　　② 1　　　③ 2　　　④ 3　　　⑤ 4

解答解説　解答⑤

eは特定ガス用品ではなく、ガス用品である。

法 137 条令 14 条別表第 2 を参照

 １２－４　ガス用品等の規制（１）

ガス用品の規制に関する記述で、誤っているものはいくつあるか。

a　ガス用品の製造、輸入又は販売の事業を行う者は、基準適合表示が付されているものでなければ、ガス用品を販売し、又は販売の目的で陳列してはならない。

b　ガス用品の製造、輸入又は輸出の事業を行う者以外、何人も基準適合表示又はこれと、紛らわしい表示を付してはならない。

c　ガス用品の製造又は輸入の事業を行う者は、経済産業大臣に届け出ることができる。また、事業を廃止する時は、あらかじめ、その旨を経済産業大臣に届け出なければならない。

d　届出事業者は、製造又は輸入するガス用品が「ガス用品の技術上の基準等に関する省令」で定める技術基準に適合するようにしなければならない。 ＊1R2 ＊2R2

e　届出事業者は、製造又は輸入したガス用品について検査を行い、その検査記録を作成し、検査の日から３年、これを保存しなければならない。

　　① ０　　　② １　　　③ ２　　　④ ３　　　⑤ ４

解答解説　　解答③

b、cが誤り。

b　ガス用品の製造、輸入事業を行う者以外、何人も基準適合表示又はこれと、紛らわしい表示を付してはならない。

c　事業を廃止した時は、遅滞なく、その旨を経済産業大臣に届け出なければならない。

法 138 ～ 140、145 条、用省令 13 条を参照

＊1R2　届出事業者は、届出に係る型式のガス用品を試験用に製造又は輸入する場合においては、経済産業省令で定める技術上の基準に適合することを要しない。法 145 条１三

＊2R2　ガス用品が経済産業省令で定める技術上の基準に適合していない場合にお

いて、災害の発生を防止するため特に必要があると認めるとき、経済産業大臣は届出事業者に対して、1年以内の期間を定めて届出に係る型式のガス用品に表示を付することを禁止することができる。法149条一

 法令 **12-5　ガス用品等の規制（2）**

　法令で規定されているガス用品等に関する次の記述のうち、正しいものはいくつあるか。

　a　「特定ガス用品」とは、構造、使用条件、使用状況等からみて特にガスによる災害の発生のおそれが多いと認められるガス用品であって、政令で定めるものをいう。

　b　ガスの消費量が70kWの13A用のガス瞬間湯沸器であって密閉燃焼式のものは「特定ガス用品」である。

　c　ガスの消費量が21kWの13A用のガスストーブは「ガス用品」である。

　d　ガス用品の販売の事業を行う者は、経済産業省令で定める基準適合命令表示が付されているものでなければ、ガス用品を販売し、又は販売の目的で陳列してはならない。ただし、輸入したガス用品はこの限りでない。

　e　届出事業者は、その製造又は輸入に係るガス用品について、当該ガス用品を販売する時までに、適合性検査を受け、かつ、証明書の交付を受け、これを保存しなければならない。

①　1　　　　②　2　　　　③　3　　　　④　4　　　　⑤　5

解答解説　　解答①

　b、c、d、eが誤り。

b　密閉燃焼式は特定ガス用品ではなくガス用品

c　ガスストーブは、19kW 以下がガス用品、21kW 以下のガスふろバーナー・ガスバーナー付きふろがまはガス用品

d　輸入も規制の対象である。

e　ガス用品ではなく、特定ガス用品である。

法 137 条令 9 ～ 10 条、法 138 条、146 条を参照

 １２−６　　ガス用品の規制（３）

　法令で規定されているガス用品 (特定ガス用品を除く）に関する次の記述について、（　）の語句のうち、正しい組合わせはどれか。

- （a 届出ガス事業者）は、届出に係る型式のガス用品を製造又は輸入する場合においては、当該ガス用品を省令で定める技術上の基準に適合させ、省令で定めるところにより検査を行い、（b その検査記録を作成し）、これを保存しなければならない。それらの義務を履行したときには、当該ガス用品に（c 登録ガス用品検査機関が）定めるところにより、表示を付すことができる。

- ガス用品の製造、輸入又は販売の事業を行う者は、上記の表示が付されているものでなければ、ガス用品を販売し、又は販売の目的で陳列してはならない。

- ただし、ガス用品の製造、輸入又は販売の事業を行う者が次に掲げる場合には、該当しない。

　一　輸出用のガス用品を販売し、又は販売の目的で陳列する場合において、（d 経済産業大臣の承認を受けた）とき

　二　輸出用以外の特定の用途に供するガス用品を販売し、又は販売の目的で陳列する場合において、（e その旨を経済産業大臣に届け出

た）とき

① a、b ② a、e ③ b、c ④ c、d ⑤ c、e

解答解説 解答①

　c　省令で　定める　　d　経済産業大臣に届け出た　とき
　e　経済産業大臣の承認を受けた　とき
法 138 条、145 条、147 条を参照

 法令 **13-1** **消費機器の周知・調査**

ガス事業法の消費機器の周知・調査に関する事項で、誤っているものはいくつあるか。

　a　ガス小売事業者は、消費機器を使用する者に対し、ガスの使用に伴う危険の発生の防止に関し必要な事項を周知しなければならない。

　b　ガス小売事業者は、消費機器の技術上の基準に適合しているか、調査しなければならない。ただし、立ち入りに所有者又は占有者の承諾不可の場合は不要。

　c　ガス小売事業者は、技術基準に適合していないときは、遅滞なく、適合するための措置、取らなかった場合に生ずべき結果を、所有者又は占有者に通知する。

　d　ガス小売事業者は、託送を行う導管事業者に調査結果を通知する。ただし、所有者又は占有者があらかじめ通知の承諾をしない場合は不要。

　e　ガス事業者は、供給するガスによる災害が発生し、又は発生するおそれがある場合において、その供給するガスの使用者からその事実を

通知され、これに対する措置をとることを求められたときは、すみやかにその措置をとらなければならない。自らその事実を知った時も同様である。

① 0　　　② 1　　　③ 2　　　④ 3　　　⑤ 4

解答解説　解答①

全て正しい。消費機器の周知及び調査からの出題である。

法159条を参照

法令 13-2　　消費機器の周知（1）

ガス小売事業者が実施する消費機器の周知で、周知頻度が誤っているものはどれか。（ガスの使用を受け付けたときを除く）

①　供給するガスの使用者（②〜⑤を除く）……3年に1回以上

②　特定地下街等のガスの使用者……1年に1回以上

③　屋内に設置されたガス瞬間湯沸器で12kW以下（不完全燃焼時ガスの供給を自動的に遮断し、燃焼を停止する機能を有するものに限る）……1年に1回以上

④　開放燃焼式のガスストーブで燃焼面が金属網製のもの（不完全燃焼時ガスの供給を自動的に遮断し、燃焼を停止する機能を有するものを除く）……1年に1回以上

⑤　特定地下街等の消費機器は、緊急の場合の連絡先などを記載した表示を付す……4年に1回以上

解答解説　解答①

① ガス小売事業者が、供給するガスの使用に伴う危険の発生を防止するため、周知するのは、2年に1回以上、である。

法 159 条規 197 条の 2 を参照

 法令 **13 − 3** **消費機器の周知（2）**

ガス小売事業者が実施する消費機器の周知方法で、下線部が誤っているものはいくつあるか。

（規則 197 条三）

前回周知の日から一定期間（1 〜 4 年）を経過した日（基準日）から a 前 6 か月以内に調査・周知を行った場合は、「当該調査・周知を基準日に行ったもの」とみなす。

（規則 197 条四）

小売事業者は、b 書面配布の他、c 新聞、雑誌その他の刊行物に掲載する広告、d 文書の掲出又は頒布もしくは e 電子メールその他のガスの使用に伴う危険の発生を防止するための適切な方法で、周知させ、ガスの使用に伴う危険の発生の防止に努めなければならない。

① 0 ② 1 ③ 2 ④ 3 ⑤ 4

解答解説 解答③

a 前 4 か月以内に e 巡回訪問 が正しい。

法 159 条規 197 条の 3、4 を参照

法令 13－4　　消費機器の周知（3）

ガス小売事業者が実施する消費機器の周知方法で、下線部が誤っている
ものはいくつあるか。

a　小売事業者は、周知事項を書面に代えて、ガスの使用者の承諾を得
　　て、<u>電磁的方法により提供</u>することができる。この場合当該書面を配
　　布したものとみなす。

b　電磁的方法の一つ目は、<u>電子メール</u>を送信し、電子メールの<u>記録を
　　出力</u>することによって書面を作成することができるものである。

c　電磁的方法の二つ目は、電子計算機に備えられた<u>ファイルに記録さ
　　れた周知事項を電気通信回線を通じて使用者の閲覧に供し、使用者の
　　ファイルに記録する方法</u>である。

d　電磁的方法の三つ目は、<u>磁気ディスク、シー・ディー・ロムその他
　　の記録媒体に周知事項を記録したものを交付</u>する方法である。

　　①　0　　　　②　1　　　　③　2　　　　④　3　　　　⑤　4

解答解説　　解答①

全て正しい。

法159条規198条を参照

法令 13－5　　消費機器の調査（1）

ガス小売事業者が実施する消費機器の調査に関して、誤っているものは
いくつあるか。

a　ガス小売事業者は、特定地下街等、特定地下室等に設置されている
　　燃焼器は、ガスの申し込みを受け付けたとき及び2年に1回以上、消

費機器の調査を行う。

b ガス小売事業者が、技術基準に適合しない旨の通知をした場合は、毎年度1回以上、技術基準に適合するためにとるべき措置、とらなかった場合に生ずべき結果を所有者占有者に通知し、通知の日から1月を経過した日以後6月以内に調査を行う。

c 経済産業大臣が消費機器を使用する者の生命又は身体について災害が発生するおそれがあると認める場合に、災害の拡大を防止するため特に必要があると認める時は大臣の定めるところにより調査を行う。

d 調査員は、その身分を示す証明書を携帯し、消費機器の所有者又は占有者の請求があったときは、提示する。

① 0　　② 1　　③ 2　　④ 3　　⑤ 4

解答解説　解答④

a 2年に1回ではなく、4年に1回

b 6月以内ではなく、5月以内。

d 消費機器の所有者又は占有者の請求ではなく、関係人の請求が正しい。

法159条規200条、法161条を参照

法令 13-6　　消費機器の調査（2）

ガス小売事業者が実施する消費機器の調査結果の通知などに関して、誤っているものはどれか。

① ガス小売事業者は、ガス導管事業者に通知を、調査の日以降遅滞なく、調査結果を記載した書面に帳簿情報を添えて行う。

② ガス小売事業者は、書面通知に代えて託送供給を行うガス導管事業者の承諾を得て、電磁的方法により通知できる。

③ ガス小売事業者は、通知しようとするときは、あらかじめガス導管事業者に対し、その用いる電磁的方法の種類と内容を示し、書面又は電磁的方法による承諾を得る。

④ ガス小売事業者は、ガス導管事業者に対し、調査結果の通知に際し、調査結果に加えて、ガス導管事業者が業務を適正かつ円滑に行うため、必要な情報を提供するように努める。

⑤ 帳簿で定める事項は、消費機器の所有者、燃焼器の製造者、調査年月日、調査員の氏名など8項目あり、帳簿は、3年間保存する。

解答解説 解答⑤

⑤ 帳簿で定める事項は、消費機器の所有者、燃焼器の製造者、調査年月日、調査員の氏名など8項目あり、帳簿は、次に調査が実施されるまで保存する。

法159条規204〜205条を参照

 法令 14-1 保安業務規程・基準適合命令等

ガス事業法の保安業務規程・基準適合命令等に関する事項で、誤っているものはいくつあるか。

a ガス小売事業者は、保安業務規程を定め、その事業の開始前に、経済産業大臣に届け出なければならない。また、保安業務規程を変更したときは、遅滞なく、変更した事項を経済産業大臣に届け出なければならない。

b 経済産業大臣は、保安業務の適正な実施を確保するため必要がある

と認めるときは、ガス小売事業者に対し、保安業務規程を変更すべき
ことを命ずることができる。

c　経済産業大臣は、消費機器が技術上の基準に適合していない場合、ガ
ス小売事業者に対し、技術上の基準に適合するよう消費機器の修理、
改造又は、移転を命ずることができる。

d　消費機器設置又は変更の工事は、その消費機器が技術上の基準に適
合するようにしなければならない。

e　ガス事業者は、公共の安全の維持に関し、相互に連携を図りながら、
協力しなければならない。ただし、災害の発生の防止に関しては、こ
の限りではない。

① 0　　　② 1　　　③ 2　　　④ 3　　　⑤ 4

解答解説　解答③

c　経済産業大臣は、消費機器が技術上の基準に適合していない場合、所
有者又は占有者に対し技術上の基準に適合するよう消費機器の修理、
改造又は、移転を命ずることができる。

e　ガス事業者は、公共の安全の維持又は災害の発生の防止に関し、相
互に連携を図りながら、協力しなければならない。ただし書きはない。
法160〜163条を参照

法令 **14-2**　　**保安業務規程**

ガス小売事業者の保安業務規程に定める事項で、誤っているものはどれ
か。 *1R3 *2R4

a　保安業務を管理する者の職務及び組織に関すること。

b 保安業務に従事する者に対する保安に係る教育及び訓練に関すること。

c 事故内容の審査に関すること。

d 災害その他非常の場合における関係者との連絡体制の確保、必要な情報の提供その他小売事業者が取るべき措置に関すること。

e 導管の工事の方法に関すること。

① a、b　　② a、d　　③ b、e　　④ c、d　　⑤ c、e

解答解説　　解答⑤

c は、ガス主任技術者の職務（法令上は記載なし）

e は、保安規程に定めるべき事項（規則 31 条から）

法 16 条規 207 条を参照

*1R3　ガス小売事業者は、保安業務規程に保安業務を管理する事業場ごとの保安業務監督者の選任に関することを定めなければならない。規則 207 条二
*2R4　ガス小売事業者及びその従業者は、保安業務規程を守らなければならない。法 160 条 4

 １５－１　密閉燃焼式以外の消費機器

屋内設置の密閉燃焼式以外の消費機器で、

Ａ：当該機器に接続して排気筒を設ける必要のあるもの

Ｂ：排気扇または有効な給気のための開口部が設けられている室で設置される必要があるもの

とすると、誤っているものはどれか。　*R3

①　ガスふろがま：Ａ

②　消費量が 12kW を超える調理機器、瞬間湯沸器：Ａ

③　消費量が 12kW のガス衣類乾燥機：A

④　消費量が 7kW を超える貯湯湯沸器、常圧貯湯湯沸器：A

⑤　消費量が 7kW のガスストーブ：B

解答解説　**解答③**

調理機器、瞬間湯沸器、衣類乾燥機は、消費量が 12kW を超える場合は
A（排気筒）、12kW 以下の場合は B（開口部）となる。

規 202 条消費機器の技術上の基準を参照

*R3　屋内設置の密閉燃焼式ガスふろがまの給排気部の先端は、障害物又は外気の
流れによって給排気が妨げられない位置になければならない。規則 202 条 6 ホ

法令 15 - 2　排気筒（自然排気式）

自然排気の排気筒（排気扇接続を除く）の消費機器の技術上の基準で、
誤っているものはいくつあるか。

a　逆風止めが、機器と同一の室内で機器と近接した箇所に取り付けら
　れていること。（機器自体に逆風止めが取り付けられている場合を除
　く）*1R1

b　有効断面積は、機器の排気部との接合部の有効断面積より大きくな
　いこと。

c　先端は、鳥、落葉、雨水その他の異物の侵入又は風雨等の圧力によ
　り排気が妨げられるおそれのない構造であること。

d　自重、風圧、振動等に十分耐え、かつ、各部の接続部及び排気筒と
　燃焼器の排気部との接続部が容易に外れないよう堅固に取り付けられ
　ていること。　*2R3

e　凝縮水がたまりにくい構造であること。

① 0   ② 1   ③ 2   ④ 3   ⑤ 4

解答解説　解答②

b　有効断面積は、機器の排気部との接合部の有効面積より小さくないこと。

規202条　消費機器の技術上の基準を参照

*1R1　屋内に設置する自然排気式の燃焼器の排気筒の材料は、告示で定める規格に適合するもの又はこれと同等以上のものであること。

*2R3　自然排気式の燃焼器の排気筒の天井裏、床裏等にある部分は、燃焼器出口の排気ガスの温度が100℃を超える場合は、金属以外の不燃性の材料で覆わなければならない。規則202条ニイ(8)

法令　１５−３　　排気筒（強制排気式）

強制排気式排気筒の消費機器の技術上の基準で、誤っているものはいくつあるか。　*R2

a　材料は、告示で定める規格に適合するもの又はこれと同等以上のものであること。

b　逆風止めが、機器と同一室内で機器と近接した箇所に取り付けられていること。

c　先端は、障害物又は外気の流れにより排気が妨げられない位置にあること。

d　高さは一定の算式により算出した値以上であること。

e　天井裏、床裏等にある部分は、金属製の材料で覆われていること（排気ガスの温度が100℃以下の場合を除く）

① 0　　　② 1　　　③ 2　　　④ 3　　　⑤ 4

解答解説　　解答⑤

bの記述は強制排気式では規定されていない。

c　先端は、障害物の流れにより排気が妨げられない位置にあること、であり、外気は入っていない。

d　強制排気式には、高さ制限はない。

e　天井裏、床裏等にある部分は、金属以外の不燃性の材料で覆われていること。（排気ガスの温度が 100℃以下の場合を除く）

規 202 条消費機器の技術上の基準を参照

*R2　強制排気式の燃焼器の排気筒が外壁を貫通する箇所には、当該排気筒と外壁との間に排気ガスが屋内に流れ込む隙間がないこと。規則 202 条 1 の二のロ (2)

法令　15－4　　排気扇・地下街の燃焼器

排気筒に接続する排気扇、特定地下街等に設置されている燃焼器の技術上の基準に関して誤っているものはいくつあるか。

排気筒に接続する排気扇について

a　排気ガスに触れる部分の材料は、難燃性のものであること。

b　機器と直接接続する排気扇は、燃焼器の排気部との接続部が容易に外れないよう堅固に取り付けること。

c　排気扇は停止した場合に、機器へのガスの供給を自動的に遮断する装置を設けること。

特定地下街等又は特定地下室等に設置されている燃焼器について

d　低圧の燃焼器（屋外設置は除くには）ガス漏れ警報設備を設けるこ

309

と。

e　金属管・金属可とう管・両端に迅速継手のついたゴム管又は強化ガスホースを用いてガス栓と接続すること。（過流出安全機構を内蔵するガス栓に接続するものを除く）

① 0　　　② 1　　　③ 2　　　④ 3　　　⑤ 4

解答解説　　解答②

a　難燃性ではなく、不燃性が正しい。

規202条　消費機器の技術上の基準を参照

法令 15-5　超高層等の燃焼器

　超高層建物（住居の用に供される部分は調理室に限る）又は特定大規模建物に設置されている燃焼器、中圧以上のガスが供給されている燃焼器は、告示で定める自動ガス遮断装置又はガス漏れ警報器が設けられていることが必要であるが、設置が除外されているものはいくつあるか。

a　屋外に設置されている燃焼器

b　工場・事務所

c　廃棄物処理場、浄水場、下水処理場その他これらに類する場所

d　ガスが滞留するおそれがない場所

① 0　　　② 1　　　③ 2　　　④ 3　　　⑤ 4

解答解説　　解答④

b　工場は除外されているが、事務所は除外されていない。

規 202 条　消費機器の技術上の基準を参照

 法令 16-1　　用語の定義（1）

特定ガス用品で、かつ、特監法の特定ガス消費機器の可能性のある消費機器はいくつあるか。

a　ガス瞬間湯沸器

b　ガスバーナー付きふろがま

c　ガスこんろ

d　ガスファンヒーター

① 1　　　② 2　　　③ 3　　　④ 4

解答解説　　**解答②**

a、b

- 特定ガス用品とは、構造、使用条件、使用状況からガスによる災害の発生のおそれが多く、販売の制限や製造事業者に技術基準適合維持義務を課しているもので、一定のガス消費量以下の、ガス瞬間湯沸かし器、ガスストーブ、ガスバーナー付きふろがま、ガスふろバーナーが指定されている。

- 一方、特定ガス消費機器とは、ガス機器の設置工事の欠陥によりガスによる災害の発生を防止するため工事の監督に関する義務を定めているが、その工事の対象となる機器のこと。ガスバーナー付きふろがま、ガスバーナーを使用できる構造のふろがま、一定のガス消費量以下のガス湯沸かし器とその排気筒・排気扇が指定されている。

法 137 条令 10 条、特監法 2 条を参照

特監法に関する記述で、誤っているものはいくつあるか。

a　特監法の目的は、「特定ガス消費機器の設置又は変更の工事の欠陥に係るガスによる災害の発生を防止するため、これらの工事の監督に関する義務等を定めることを目的とする。」である。

b　ガスバーナー付ふろがま、ガスバーナーを使用できる構造のふろがまは、特定ガス消費機器である。

c　ガス湯沸器で、ガス消費量が 12kW を超えるガス瞬間湯沸器、その他のもので 7kW を超えるものは特定ガス消費機器である。

d　b、c の排気筒・排気筒に接続される排気扇は、特定ガス消費機器である。

e　特定工事とは、特定ガス消費機器の設置又は変更の工事（軽微な工事を除く）であり、撤去工事は該当しない。

　　① 0　　　② 1　　　③ 2　　　④ 3　　　⑤ 4

解答解説　解答①

全て正しい。

特監法 1～2 条を参照

法令　16-3　特定工事の監督

特監法に定める特定工事の監督について、誤っているものはどれか。

a　特定工事事業者は、特定工事を施工するときは、技術上の基準に適合することを確保するため、「ガス消費機器設置工事監督者」の資格を

有する者に実地の監督をさせ、又は「その資格を有する特定工事事業者」が自ら実地に監督しなければならない。ただし、監督者が指名した者に実地の監督を委任することができる。

b　監督は、特定工事の施工場所において、特定ガス消費機器の設置場所、排気筒等の形状及び能力並びに安全装置の機能を喪失させてはならないことを指示すること。

c　監督は、特定工事の施工場所において、特定工事の作業を監督すること。

d　監督は、特定工事の施工場所において、技術上の基準に適合していることを確認すること。

e　ガス主任技術者はガス消費機器設置工事の監督者の資格を有する。

①　a、b　　②　b、c　　③　c、d　　④　c、d、e　　⑤　a、e

解答解説　　解答⑤

a、eが誤り。

a　特定工事事業者は〜中略〜実地に監督しなければならない。ただし、これらの者が自ら特定工事を行う場合は、この限りでない。

e　ガス消費機器設置工事の監督者の資格は、1）経済産業大臣又はその指定する者が行う知識・技能に関する講習の課程を修了した者、2）液化石油ガス設備士、3）経済産業大臣の認定を受けた者のいずれかになる。

特監法3〜4条を参照

特監法に関する説明で誤っているものはいくつあるか。

a　経済産業大臣またはその指定する者が行う知識・技能に関する講習の課程を修了した者、大臣の認定を受けた者は、3年以内に再講習を受けなければ、資格を失う。

b　監督者は誠実に監督の職務を行うこと。また、特定工事に従事する者は、監督者の職務上の指示に従うこと。

c　監督者は、職務を行うとき及び自ら特定工事を行うときは資格証を提示すること。

d　特定工事事業者は、特定工事をしたときは特定ガス消費機器の見やすい場所に、特定工事事業者の氏名又は名称・連絡先、監督者の氏名・資格証の番号、施工内容・施工年月日を記載した表示を付すこと。

e　経済産業大臣は、特定工事に係るガスによる災害の発生の防止のため必要があると認めるときは、特定工事事業者に対し、特定工事の施工方法の変更を命じることができる。

①　0　　　②　1　　　③　2　　　④　3　　　⑤　4

解答解説　　解答③

c、eが誤り。

c　監督者は、職務を行うとき及び自ら特定工事を行うときは資格証を携帯していること。

e　経済産業大臣は～中略～特定工事の施工に関し、報告をさせることができる。

特監法4～7条を参照

ガス事業法及び特監法に関する次の記述のうち、正しいものはどれか。

　消費機器の設置又は変更の工事は、①（ガス工作物の技術上の基準）に適合するようにしなければならない。

　「特定ガス消費機器」とは、②（製造年月日）、使用状況等からみて設置又は変更の工事の欠陥に係るガスによる災害の発生のおそれが多いと認められる消費機器であって、政令で定めるものをいう。

　特定工事事業者は、特定工事を施工するときには、技術上の基準に適合することを確保するため、③（保安業務監督）者に④（実地に監督）させなければならない。

　特定工事事業者は、特定工事を施工したときは、当該特定工事に係る特定ガス消費機器の見やすい場所に、氏名又は名称、⑤（検査済証）その他の経済産業省令で定める事項を記載した表示を付さなければならない。

解答解説　　**解答④**

　①消費機器の技術上の基準、②構造、③ガス消費機器設置工事監督者の資格を有する、⑤施工年月日

　ガス事業法 162 条規則 202 条、特監法 2 条の 1、3 条、6 条を参照

第7章

論述科目

論述試験　　法令演習問題

問題1-1

　ガス工作物に関するガス事業者の保安責務について述べよ。

問題1-2

　ガス主任技術者制度について述べよ。

問題1-3

　保安規程について述べよ。

問題1-4

　消費機器の周知調査に関するガス事業者の保安責務について述べよ。

問題1-5

　保安業務規程についてガス小売事業者の観点で述べよ。

問題1-6

　ガス事業法においてガス工作物の維持及び運用について記載されている内容を述べよ。

問題1-7

　ガス事業法に定める経済産業大臣が保安に関してガス事業者に対して命令できる内容を述べよ。

問題1-8

　一般ガス導管事業者の託送供給の責務、託送供給約款における事業者の責務を述べよ。

問題1−1　ガス工作物に関するガス事業者の保安責務について述べよ。

解答例

（1）ガス工作物の技術基準適合維持義務（各事業者共通）

- ガス工作物を技術上の基準に適合するように維持しなければならない。

（2）ガスの成分検査義務（小売・一般導管事業者）

- 供給する一定のガスについて、人体への危害、物件への損害を与える
恐れがあるもの（硫黄全量、硫化水素、アンモニアの一定量）を検査
し、記録を保存する。（天然ガス等を原料とする場合を除く）

（3）保安規程の作成・届出（各事業者共通）

- 保安の業務を管理する者の職務、組織など、規則で定めるべき事項を盛
り込んだ保安規程を定め、事業の開始前に経済産業大臣に届け出る。
変更時も遅滞なく届け出る。

（4）ガス主任技術者の選任（各事業者共通）

- ガス主任技術者免状の交付を受けている者であって、実務経験を有す
る者から一定の選任基準によって、ガス主任技術者を選任し、ガス工
作物の工事・維持・運用に関する保安の監督をさせなければならない。

（5）工事計画、使用前、定期自主検査（各事業者共通）

- 一定のガス工作物について、工事計画を届け出する。
- 使用前検査工事計画を届け出た工事は、自主検査を行い、その結果に
ついて登録ガス工作物検査機関の検査を受ける。自主検査結果を記録
し保存する。
- 定期自主検査一定の設備は、一定の時期に定期自主検査を行い、記録
を保存する。

問題1−2　ガス主任技術者制度について述べよ。

解答例

（1）選任と保安監督

- ガス事業者は、ガス主任技術者免状の交付を受けている者であって、実務経験を有する者から一定の選任基準によって、ガス主任技術者を選任し、ガス工作物の工事・維持・運用に関する保安の監督をさせねばならない。
- 製造所、ガスホルダーを有する供給所、導管を管理する事業場に選任をする。

(2) 保安監督できる免状の範囲
- 特定ガス工作物の工事・維持・運用は丙種、特定ガス工作物を含む最高使用圧力が中圧低圧のガス工作物の工事・維持・運用は乙種、すべてのガス工作物の工事・維持・運用は甲種の免状で、保安監督をすることができる。

(3) 免状の交付
- 免状の交付を受けることができる者は、試験の合格者、同等の知識技能を有していると認める者である。
- 交付を行わないことができる場合は、免状の返納を命ぜられ1年を経過しない者、この法律に基づく命令等に違反し、罰金以上の刑に処せられ、2年を経過しない者である。

(4) ガス主任技術者の義務
- ガス主任技術者は誠実にその職務を行わなければならない。ガス工作物の工事維持運用に従事する者は、ガス主任技術者が保安のためにする指示に従わなければならない。

(5) 免状返納命令と解任命令
- 経済産業大臣は、ガス主任技術者の免状返納命令、解任命令をすることができる。

問題1-3　保安規程について述べよ。

解答例

（1）保安規程の作成・届出（各事業者共通）

- ガス事業者は、保安の確保のため、規則で定めるべき事項を盛り込んだ保安規程を定め、事業の開始前に経済産業大臣に届け出なければならない。
- 変更時も遅滞なく届け出る。
- ガス事業者とその従業員は、保安規程を遵守しなければならない。

（2）保安規程に盛り込むべき事項（規則より）

①保安の業務を管理する者の職務・組織　②ガス主任技術者の代行者

③保安教育　　　　　　　　　　　④保安のための巡視・点検・検査

⑤ガス工作物の運転と操作　　　⑥導管の工事方法

⑦導管工事現場の保安監督体制

⑧ガス工作物の工事以外の工事に伴う導管の管理

⑨災害などの非常時の措置　　　⑩保安に関する記録

⑪保安規程違反者に対する措置　⑫その他保安に関し必要な事項

⑬サイバーセキュリティ対策の確保

問題1-4　消費機器の周知調査に関するガス事業者の保安責務について述べよ。

解答例

①消費機器の周知

- ガス小売事業者は、（最終保障供給を行う一般ガス導管事業者も含む、以下同様）消費機器を使用する者に対し、ガスの使用に伴う危険の発生の防止の必要な事項を周知しなければならない。

②消費機器の調査

- ガス小売事業者は、消費機器の技術上の基準に適合しているか、規則で定める調査事項を規則で定める頻度で調査しなければならない。また毎年度経過後、周知状況を産業保安監督部長に届け出なければなら

ない。

③調査結果の通知

• ガス小売事業者は、技術基準に適合していないときは、遅滞なく、適合するための措置、取らなかった場合に生ずべき結果を、所有者又は占有者に通知する。

• ガス小売事業者は、託送を行うガス導管事業者に調査結果を通知する。

④身分証明書の携帯と帳簿の保存

• 調査員は、身分証明書の携帯、請求による提示が必要。

• ガス小売事業者は、帳簿を備え、調査の結果を記載し、調査が次に実施されるまで保存する。

⑤災害発生時の措置

• ガス小売事業者・ガス導管事業者は、使用者からガスによる災害が発生し、又は発生する恐れのある場合において、その事実を通知され、これに対する措置をとることを求められたときは、すみやかにその措置をとらなければならない。

⑥保安業務規程の作成・届け出

• ガス小売事業者・ガス導管事業者は、周知・調査の実施方法などを定めた、保安業務規程を作成し、その事業の開始前に、経済産業大臣に届け出なければならない。

• 変更したときは、遅滞なく、変更した事項を経済産業大臣に届け出なければならない。

• ガス小売事業者・ガス導管事業者及びその従業者は、保安業務規程を守らなければならない。

⑦基準適合義務

• 消費機器の設置又は変更の工事は、その消費機器が技術上の基準に適合するようにしなければならない。

問題1-5　ガス小売事業者の保安業務規程について小売事業者の観点で述べよ。

解答例

（1）保安業務規程の届け出（法160条）

- ガス小売事業者は、保安業務規程を定め、その事業の開始前に、経済産業大臣に届け出なければならない。
- ガス小売事業者は、保安業務規程を変更したときは、遅滞なく、変更した事項を経済産業大臣に届け出なければならない。
- ガス小売事業者及びその従業者は、保安業務規程を守らなければならない。

（2）保安業務規程に定める事項（省令11条）

- 保安業務を管理する者に関すること
- 保安業務を管理する事業場ごとの保安業務管理者の選任に関すること
- 保安業務管理者が旅行、疾病その他事故により職務を行うことができない場合に、その職務を代行する者に関すること
- 保安業務に従事する者に対する教育及び訓練に関すること
- 周知・調査、通知、保存に関する業務の実施方法に関すること
- 災害その他非常の場合における関係者との連絡体制の確保、必要な情報の提供

その他小売事業者が取るべき事項

- 保安業務についての記録に関すること
- 保安業務規程に違反した者に対する措置に関すること
- その他保安に関し必要な事項

問題1-6　ガス事業法においてガス工作物の維持及び運用について記載されている内容を述べよ。

解答例

①ガス事業法は、ガス工作物の維持及び運用を規制し、公共の安全を確保し、公害の防止を図ることが目的。

②ガス事業者は、ガス工作物を技術上の基準に適合するように維持。

③ガス事業者以外の者が所有し又は占有するガス工作物について、ガス事業者がその維持のため必要な措置を講じるときは、当該工作物の所有者または占有者はその措置の実施に協力するように努める。

④ガス事業者は、保安の確保のために保安規程を定め、事業開始前に経済産業大臣に届け出る。

⑤経済産業大臣は、保安を確保するため必要があると認めるときは、ガス事業者に対し、保安規程を変更すべきことを命ずることができる。

⑥ガス事業者は、免状の交付を受けている者で一定の実務経験を有する者のうちからガス主任技術者を選任し、保安の監督をさせなければならない。

⑦免状の種類により、保安の監督ができる範囲を省令で定めている。

⑧ガス工作物の工事維持運用に従事する者は、ガス主任技術者が保安のためにする指示に従わなければならない。

⑨経済産業大臣は、保安に支障がある場合、ガス事業者にガス主任技術者の解任を命ずることができる。

⑩ガス主任技術者試験は、ガス工作物の工事維持運用に関する保安に関し必要な知識及び技能について行う。

問題1-7 ガス事業法に定める経済産業大臣が保安に関してガス事業者に対して命令できる内容を述べよ。

解答例

①技術基準への適合

　ガス工作物の技術基準に適合していないと認めるときは、ガス事業者に対し、基準に適合するよう、ガス工作物を修理し、改造し、若しくは移転

し、若しくは使用を一時停止すべきことを命じ、又は使用を制限すること
ができる。（21 条の 2 ほか）

②公共の安全維持、災害発生の防止

　公共の安全の維持又は災害の発生の防止のため緊急の必要があると認め
るときは、ガス事業者に対し、そのガス作物を移転し、若しくは使用を一
時停止すべきことを命じ、若しくはその使用を制限し、又はそのガス工作
物内のガスを廃棄すべきことを命ずることができる。（21 条の 3 ほか）

③保安規程の変更

　ガス工作物の工事、維持及び運用に関する保安を確保するため必要があ
ると認めるときは、ガス事業者に対し、保安規程を変更すべきことを命ず
ることができる。（24 条の 3 ほか）

④ガス主任技術者の解任

　ガス主任技術者にその職務を行わせることがガス事業の用に供するガス
工作物の工事、維持及び運用に関する保安に支障を及ぼすと認めるときは、
ガス事業者に対し、ガス主任技術者の解任を命ずることができる。（31 条
ほか）

⑤工事計画の変更

　ガス事業者が届け出たガス工作物の設置又は変更の工事計画が、技術基
準に適合していない場合、その工事の計画を変更し、又は廃止すべきこと
を命ずることができる。（32 条の 5 ほか）

⑥届出工事の技術基準への適合検査

　ガス事業者が届け出たガス工作物の設置又は変更の工事計画が、工事の
工程における検査を行わなければ技術基準に適合しているかどうかを判定
できないと認められる場合において、必要があるときは工事の工程におけ
る検査を受けるべきことを命ずることができる。（68 条の 6 ほか）

⑦保安業務規程の変更

　保安業務の適正な実施を確保するため必要があると認めるときは、ガス

事業者（ガス製造事業者を除く）に対し、保安業務規程を変更すべきこと
を命ずることができる。（160条3ほか）

問題1-8 一般ガス導管事業者の託送供給の責務、託送供給約款におけ
る事業者の責務を述べよ。

解答例

① 一般ガス導管事業者は、正当な理由がなければ、その供給区域にお
ける託送供給を拒んではならない。（法47条）

② 営業所、事務所に添え置くとともに、インターネットを利用する。
（インターネットを利用することが困難な場合を除く）ことにより行
う。（法48条13項、規則72条）

③ 託送供給条件の遵守義務 託送供給約款以外の供給条件による託送
供給の禁止（法48条3項）

論述試験 ガス技術演習問題（製造）

問題2-1

ガスの製造における設備保全の特徴と保全方式について述べよ。

問題2-2

ガス製造所の設備の経年劣化の事象、発生設備及びその要因を述べよ。

問題2-3

製造所における防災の基本的考え方と、地震時の緊急復旧対策について
述べよ。

問題2-4

製造所における防災の平常時より講じておくべき対策について述べよ。
（ただし、保安設備、耐震対策など設備上の対策は除く）

問題2-5

　ガスの製造設備における品質管理のポイントを述べよ。

問題2-6

　ガスの付臭の必要性と付臭剤が備える条件、臭気濃度の測定方法について述べよ。

問題2-7

　ガスの製造設備における台風対策について述べよ。

問題2-1　ガスの製造における設備保全の特徴と保全方式について述べよ。

解答例

1．設備保全の特徴

（1）事業の公共性

- プラントの大型化、複雑化に伴い万一故障や火災が発生すれば、一次的な被害に止まらず広範囲の二次災害をもたらす恐れがある。

（2）需要の季節変動

- ガスの需要は、冬季にピーク、夏季は減少するため夏季に十分な整備を行う機会がある。また夏季は設備の停止により要員の余裕が出る場合もあり、保全上の技術教育などを充実できる。

2．保全方式の分類

（1）予防保全

- 設備の使用中での故障を未然に予防し、設備を使用可能な状態に維持するために行う保全をいう。

　①　時間計画　保全時間を決めて行う保全であり、一定の期間をおいて行う定期保全と、累積運転時間に達したときに行う経時保全がある。ガス事業法上の自主検査は定期保全を使っている。

　②　状態監視保全　設備の状態に応じて行う保全で、故障が予定できる

325

ような診断技術が確立されている場合に適用できる。

（2）事後保全

- 故障が起こった後、設備を運用可能な状態に回復する保全をいう。故障しても影響の少ない設備や代替設備がある場合、経済性を考慮して取られる手法。

問題2−2

　ガス製造所の設備の経年劣化の事象、発生設備及びその要因を述べよ。

解答例

（1）腐食減肉

- 炭素鋼鋼管，LNG・LPG 貯槽、ガスホルダー、気化器、熱交換器で発生
- 要因は、雨水の滞留、水分・塩化物等、すきま腐食、炭酸腐食

（2）応力腐食割れ

- ステンレス配管・容器に発生
- 要因は、残留応力と海塩による腐食環境

（3）疲労割れ

- エアフィン式気化器、ガスホルダー、LPG 貯槽で発生
- 要因は、温度変動による熱応力の繰り返し、圧力変動による応力の繰り返し

（4）摩耗

- ポンプ・圧縮機で発生
- 要因は、キャビテーション、摺動（しょうどう・ろうどう、くじく、たたむ）

（5）コンクリート劣化

- 全般、気化器で発生
- 要因は、酸性雨、大気中の二酸化炭素による中性化、海水による塩害、

冷熱に起因する低温環境による凍害

（6）電気・計装設備劣化

- 電動機、受配電設備、計測・制御装置で発生
- 要因は、摺動、水分、熱、塵埃、振動、摩耗等、電磁力、酸化

問題2-3　製造所における防災の基本的考え方と、耐震設計、地震時の緊急復旧対策について述べよ。

解答例

（1）防災の基本的考え方

- 防災の基本は、①事故の未然防止、②事故の極小化、③早期復旧　である。また、災害対策の基本的目標は以下の通り。
　①災害による被害の予防、②二次災害の防止、③従業員・家族の安否の確認及び安全の確保、④ガス製造設備被害の早期復旧

（2）耐震設計

- 供用期間中に一二度発生する確率を持つ一般的な地震動と発生確率は低いが更に高いレベルの地震動の二段階のレベルの地震動を想定した耐震設計となっている。

（3）地震時の緊急対策

- 発災時に予想される二次災害を防止し、保安を確保することを基本とし、発災時に直ちに安全確認を行い、速やかに製造・停止の判断を行うなどの対策を講ずる。
- 緊急対策設備の整備、緊急措置要綱の整備、緊急対策体制の整備、地震直後の設備点検、緊急時の行動基準、避難及び救護

（4）地震時の復旧対策

- 緊急措置を講じた後、速やかに製造設備の復旧を図ることを目的とする。
- 復旧計画と体制、復旧資機材の確保、原燃料・用役の確保、教育・訓練

327

問題2-4　製造所における防災の平常時より講じておくべき対策について述べよ。（ただし、保安設備、耐震対策など設備上の対策は除く）

解答例

平常時から講ずべき対策

① 災害毎の防災マニュアルを定め、定期的な見直しと、関係者への周知

② 防災マニュアルにより定期的な訓練等の実施により、意識の高揚、予防、復旧活動の充実

③ 復旧資材、工具等の備蓄を行い、協力会社との協力体制、資材の輸送ルート、外部関係先との相互連携、原燃料の手配先との連絡体制の確認など

問題2-5　ガスの製造設備における品質管理のポイントを述べよ。

解答例

（1）熱量と燃焼性

• 需要家との供給約款を遵守し、消費機器で良好な燃焼が行われるようにする。

• ガス事業法で定められた、測定頻度、測定方法に従って行う。

• 燃焼性の指標は、ウオッベ指数 WI と燃焼速度 MCP で、ガス組成により変動するため、注意が必要。

（2）特殊成分

• ガス事業法では不純物として、硫黄全量、硫化水素、アンモニアが定められている。測定が義務付けられており、省令で定める数量を超えないように管理する。

• 数量は、硫黄全量が $0.5g/m^3$, 硫化水素 $0.02g/m^3$, アンモニア $0.2g$

／m³ となっている。（天然ガス等を原料とする場合は除く）

(3) 付臭

- ガス漏えい時に、早期に発見し事故防止を図るため、付臭が義務付けられている。

- 技省令・解釈例では、空気中の混合容積の 1／1000 で臭いが確認できること、とされている。

- 付臭剤は、生活臭とは明確に区分でき、インパクトのある警告臭であることなどの一定の要件が必要である。

(4) ガス中の水分

- 現象凝縮水による導管の閉塞、メーターなどの凍結などが発生する。

- 対策抽水作業で費用が発生したり、トラブル対応が必要となるため、あらかじめ、導管中で結露しない露点まで脱水しておく。

問題2-6　ガスの付臭の必要性と付臭剤が備える条件、臭気濃度の測定方法について述べよ。

解答例

(1) 付臭の必要性

- 供給ガスが漏えいした場合、早期に発見し、事故防止を図り、供給ガスであることが容易に感知できる臭気を有することが必要。

(2) 付臭剤が備える条件

　　①生活臭と明瞭に区分　　②極めて低い濃度でも特有の臭気

　　③嗅覚疲労を起こさない　④人間に害や毒性がない

　　⑤化学的に安定　　　　　⑥完全に燃焼し、無害無臭

　　⑦物性上の取り扱いが容易　⑧土壌透過性が高い⑨安価で入手が容易

　　⑩嗅覚以外で簡易測定法がある

(3) 臭気濃度の測定方法

- パネル法：人の嗅覚により臭気濃度を求める方法

- 試験ガスを空気を用いて希釈し、臭気の判定者4名以上により、においの有無を判定する。
- 付臭剤濃度測定：分析機器により臭気濃度を求める方法
- 有機硫黄化合物を含む付臭剤に適用、FPD付ガスクロマトグラフ法／THT測定機法／検知管法から適切な測定法を選択し、測定した濃度から換算式を用いてガスの付臭濃度を求める。

問題2−7　ガスの製造設備における台風対策について述べよ。

解答例

（1）台風接近前の準備

①台風の影響と対策

- 台風は、直接製造設備に被害を与える可能性があるだけでなく、停電などにより二次災害を引き起こす可能性がある。また、LNG, LPGなどの保安備蓄を確保しておく等の準備が必要

②情報収集・勤務情報の確認

- 台風の情報収集、要員確保のため勤務情報の確認・必要により呼び出し

③現場処置・機器点検

- 現場点検を行い、移動・固定・施錠の実施、排水路の詰まりがないことの確認
- 停電時に備え、保安用の自家発電装置の運転に支障のないよう点検を実施

④非常用品の確保、LNG貯槽の圧力確認、LNGローリーの運行見直し

- 雨具、懐中電灯など非常品が緊急時に使用できるかを確認
- 台風接近時は、気圧が低下し、LNG貯槽の圧力が上昇するため、事前にタンク圧を下げる
- LNGローリー車の出荷、輸送が困難となる場合があり、事前に調整

し、運行計画を見直す

(2) 台風通過時の対応

　① LNG 貯槽の圧力確認

　• BOG 圧縮機を運転して、LNG 貯槽圧力が設計圧力以下となるよう調節

　②海水量、圧力確認

　• 海が荒れ、取水口のスクリーンにごみが付着し、海水取水量の低下が
　　懸念され、前後の水位差や ORV の海水量、圧力に注意

(3) 台風通過後の対応

　①構内の点検

　• 現場点検により機器運転に問題のないことを確認、飛散・倒壊の有無、
　　排水路の詰まり確認

　②復旧

　• 移動・固定か所の復旧、高潮による海水をかぶった施設は、錆を防ぐ
　　ため洗浄

論述試験　ガス技術演習問題（供給）

問題3-1

　低圧本支管で発生する供給支障の原因を4点上げ、（地震、他工事損傷を
除く）各々の原因と防止策を述べよ。

問題3-2

　ガス導管の地震対策について、設備予防対策、緊急対策、復旧対策に分
けて述べよ。

問題3-3

　低圧内管の経年劣化によるガスの漏えい対策について、（1）ガス漏えい
を予防する対策、（2）人身事故を防止する対策について述べよ。

問題3-4

ガスの供給段階における自社工事の事故防止について述べよ。

問題3−5

　ガス導管の腐食原因と対策について述べよ。

問題3−6

　道路上の他工事による導管の損傷防止対策について述べよ。

問題3−1　低圧本支管で発生する供給支障の原因を4点上げ、(地震、他工事損傷を除く) 各々の原因と防止策を述べよ。

解答例

(1) 地下水の浸水による水たまり

* 地下水の圧力が管内の圧力より高い場合、導管の継手の不良個所、腐食孔、亀裂孔等から浸水する。
* ガス漏えい個所を早期に発見し、適切な修理を行う。施工不良のないように確実な品質管理を行う。

(2) サンドブラスト

* 水道管とガス管とが接近して埋設されているとき、サンドブラストが発生すると、土砂混じりの噴流がガス管の管壁を貫通し、管内へ水が浸入する。
* 埋設工事においては、他埋設物との離隔距離を十分確保する。確保できない場合はゴムシートをガス管に巻く。流動化埋戻しや砕石による埋戻しを行う。

(3) ダスト詰まりによる供給支障

* 新たな需要家にガスを流す際、ガス流速の急激な変化があると、鉄さび、スラグ、砂等のダストが堆積していると、ガスメーターや整圧器のフィルターに付着し、供給支障となる。
* 整圧器等のフィルターを定期的な分解点検により除去する。

（4）連絡工事による供給支障

- バイパス管の能力不足や、片ガスを両ガスと誤った思い込みにより発生する。
- 圧力解析を行う。また適正な口径のバイパス管を使用する。適切な施工時間帯を考慮する。

問題３−２　ガス導管の地震対策について、設備予防対策、緊急対策、復旧対策に分けて述べよ。

解答例

１．設備・予防対策

（1）目的　ガスが漏えいしないように、ガス管の耐震性を向上させる。このため、施設の重要度を考慮し、耐震設計等合理的で効果的な対策を講じる。

（2）新設管　高圧は、応答変位法で算出したひずみと許容ひずみを比較、中低圧は地盤変位吸収能力と設計地盤変位を比較し、耐震性を評価する。

（3）既設管　非裏波溶接鋼管とねじ継手鋼管が対象、長期を要するため緊急・復旧対策とのバランスと併せる。

２．緊急対策

（1）目的　二次災害の防止、供給停止地区の極小化を図る。

（2）体制　動員を行い、対策本部を設置する。

（3）設備　遮断装置、停止装置、ブロック化、減圧設備、地震計、通信機器などを平常時から整備する。

（4）作業　迅速な情報収集と、供給停止判断、供給停止措置を行う。また供給継続地区の保安管理を行う。

３．復旧対策・支援対策

（1）目的　供給停止地区を速やかに供給再開する。

（2）事前対策　復旧計画や資機材、前進基地、復旧ブロック図等の事前
整備を図る。

（3）救援要請　救援隊の支援対策、移動式ガス発生設備の設置・代替熱
源の提供などを行う。

**問題3-3　低圧内管の経年劣化によるガスの漏えい対策について、（1）
ガス漏えいを予防する対策、（2）人身事故を防止する対策について述べよ。**

解答例

（1）ガス漏えいを予防する対策

- 漏えいの予防対策として、圧力・管種・故障形態を考慮して、対象設
備を絞り込み、対策の優先順位付けを行う。さらに効果的・効率的に
行うため、故障の発生頻度と影響を考慮したリスクマネジメント手法
を用いると有効である。

- 対策工法は、入替又は導管内面に成形材、液状樹脂を貼り付ける更生
修理工法による。

（2）人身事故を防止する対策

- ガス漏えい通報に対して、迅速かつ確実な受付・連絡を行い、その内
容に応じた出動により、適切な処理を行う。

- 常時受付できる体制を整える→通報の内容に応じた出動→状況に応じ
ては応援、需要家数等の規模に応じた体制→作業マニュアルを整備し、
集合教育や OJT、事例研究などの教育・訓練を実施する。

問題3-4　ガスの供給段階における自社工事の事故防止について述べよ。

解答例

（1）工事着手前

- 安全確保のための資機材の準備　ガス検知器、酸素濃度計、消火器等

- 許可条件の確認　道路管理者・警察許可の確認、施工計画書・施工体

制の確認

（2）土木工事

- 土砂崩壊による災害の防止を図るため、確実な土留め支保工の施工
- 建設機械、車両などに起因する災害を防止
- 道路上の工事の場合、工事に起因する交通災害を防止

（3）火災爆発防止

- 通風・換気を行い、ガス漏えいのおそれのある場所では、着火源を使用しない
- ガス濃度の測定と爆発の恐れのないことを確認
- せん孔、ガスバック挿入などの際には噴出ガスを最小限に
- やむをえず溶接などの火気を使用する時は、不活性ガス等による置換
- 整備した消火器を適切な場所に設置

（4）酸欠防止

- 酸素欠乏危険場所において作業を行う場合、酸素欠乏危険作業主任者を選任
- 作業開始前に、酸素濃度を測定、18％以上であることを確認
- 万一に備え、空気呼吸器安全帯、はしごなどの備え付け

（5）耐圧・気密試験

- 一気に試験圧力まで上げず、段階的に昇圧
- 耐圧試験中に圧入箇所には関係者以外は近づくことのないよう保安柵などで囲い、監視人が巡回

問題３-５　ガス導管の腐食原因と対策について述べよ。

解答例

1．腐食原因の分類

　腐食は、埋設部（土壌中）と露出部（大気中）に区分され、埋設部には電食と自然腐食に区分される。

（1）電食

- 電気鉄道や電気防食設備等からの迷走電流により、電気設備と金属的な電気の連続性がない導管において腐食が発生する。
- 電気鉄道のレールからの漏れ電流によるものと、他埋設物の電気防食設備からの干渉によるものがある。

（2）自然腐食

- マクロセル腐食　アノード部とカソード部が区分されるもので、通気差腐食やコンクリート・土壌腐食、異種金属腐食などがある。
- ミクロセル腐食　アノード部とカソード部が明確に区分されず、無数の腐食電池が形成され、ほぼ均一に腐食する。一般土壌・特殊土壌腐食やバクテリア腐食がある。
- 大気腐食地上配管部で水分に炭酸ガス等が溶け込む腐食がある。

2．防食の分類

防食とは、導管において腐食の原因である電気化学的反応を防止することであり、3つに大別される。導管の材質、設置環境、経済性等により組合せて選択する。

（1）塗覆装　導管表面が電解質（土壌、水等）と接触することを防止する。

（2）電気防食　アノード（陽極）反応の進行を阻止する。

（3）絶縁　アノード部とカソード部を切り離し、腐食電流の経路を遮断する。

問題3-6　道路上の他工事による導管の損傷防止対策について述べよ。

解答例

1．日頃から実施すべき事項

- 他工事企業者と連絡を密に　道路調整会議などを通じて工事情報を照会するように申し合わせる。
- 巡回立会業務の従事者に対し、防護基準類等の教育訓練を実施、他工

事企業者へも講習会などを実施する。

- 他工事企業者との保安に関する協定書を締結する。

2. 照会後から着手前まで

- 導管の調査・確認　導管図による調査のみならず、パイプロケーター等による調査、必要により試掘の実施、くい打ち等はガス管を露出させて、目視による確認を要請する。
- 他工事企業者との事前協議により、保安措置を決定する。

3. 他工事中に実施すべき事項

- 移設や管種変更、使用の一時停止、防護措置等の必要な保安措置を実施する。
- 工事中は、その工事方法、離隔距離、防護状況等の確認のため立会をするのが望ましい。
- あらかじめ定めた適切な時期、頻度で巡回を行い、漏えいの有無・防護措置の異常有無等を点検する。

論述試験　ガス技術演習問題（消費機器）

問題4-1

　家庭用開放式ガス機器の一酸化炭素中毒に関して、2つのガス機器についてその原因を述べ、また事故防止のためのガス事業者の留意点について述べよ。

問題4-2

　一般家庭に設置されるガスグリル付きコンロ使用により想定される事故と原因について述べ、ガス事業者として留意すべき事項を述べよ。

問題4-3

　屋外式（RF式）ガス瞬間湯沸器の給排気について保安上の留意点を述べよ。また潜熱回収型に固有な給排気の保安上の留意点を述べよ。

問題4-4

　家庭用開放型ガス機器とガス栓の接続に係るガス漏えい着火事故の原因
と、事故を防止するためのガス事業者の留意すべき事項について述べよ。

問題4-5

　業務用厨房の一酸化炭素中毒の原因とガス事業者の留意事項について述
べよ。

問題4-6

　業務用厨房の爆発・火災事故の原因とガス事業者の留意事項について述
べよ。

問題4-1　家庭用開放式ガス機器の一酸化炭素中毒に関して、2つのガ
ス機器についてその原因を述べ、また事故防止のためのガス事業者の留意
点について述べよ。

解答例

（1）開放型小型湯沸器

　経年劣化、排気フィンの汚れ・ホコリ・目詰まりによる燃焼不良、換気
扇の不使用、換気不良、長時間使用による酸素量の低下により不完全燃焼
が発生する。

（2）開放型金網ストーブ（不燃防なし）

　スケルトンを燃焼し赤外線で温めるが、金網の経年劣化や、外力により
変形すると、炎温度が低下するなどの理由で、不完全燃焼を起こすことが
ある。

（3）ガス事業者の留意点

　ガス事業法による周知・調査機会等で、使用上の注意・換気の必要性の
説明を行う。

　該当機器の残数管理、ダイレクトメール等による特別周知、現在の小型
湯沸器は不完全燃焼防止機能等安全対策が取られているため、不完全燃焼

防止装置付きや屋外型への取替を促進、開放型ストーブは安全機器への取替を促進する。

　不完全燃焼警報機能を兼ね備えた、複合型警報器の設置提案・普及促進を図る。

問題4-2　一般家庭に設置されるガスグリル付きコンロ使用により想定される事故と原因について述べ、ガス事業者として留意すべき事項を述べよ。

解答例

（1）想定される事故と原因

* 天ぷら火災
  調理油過熱防止装置がなく、油が自然発火し、火災に至る

* 立ち消え
  立ち消え安全装置がなく、吹きこぼれにより立ち消えした場合、炎口からガス漏出

* グリル異常過熱・グリル排気からの炎あふれ
  グリル過熱防止センサーや排気口遮炎装置がなく、異常過熱・発火により火災

* 消し忘れ
  消し忘れ消火機能がない場合、異常過熱により火災に至る

* 接続具不良
  不適合な接続具や経年劣化した接続具で、ガス漏れの可能性、着火で火災・爆発

（2）ガス事業者として留意すべき事項

* 開栓、定期保安巡回等、あらゆる業務機会を通じて、コンロ使用の注意事項を周知、コンロの安全機能の周知、適切な接続具の使用の周知
  安全装置の不良や接続具不良を発見したら、改善依頼や使用禁止を通

知する

- SI センサーコンロ等安全装置付きコンロを推奨
- 台所へのガス漏れ検知機能、火災検知機能を有する複合型警報器の普及促進に努める

問題4-3 屋外式（RF 式）ガス瞬間湯沸器の給排気について保安上の留意点を述べよ。また潜熱回収型に固有な給排気の保安上の留意点を述べよ。

解答例

（1）屋外式ガス機器の周囲条件

- ガス機器は十分に開放された屋外空間に設置する。
- 排気吹き出し口の周辺は、建築物の突起物のないことが基本、障害物のある場合は、燃焼排ガスが給気側に流入しない位置とする。

（2）排気吹き出し口周囲の防火、建物開口部との離隔距離

- 不燃材以外の材料による仕上げをした部分との離隔距離は法定の距離を有すること
- 排気吹き出し口周囲の離隔距離を壁面に投影した範囲内に、燃焼排ガスが室内に流入するおそれのある開口部を設けない。

（3）潜熱回収型固有の留意点

- 排気温度は 100℃以下と低いため、結露発生のおそれがあり、排気ガスは排気の滞留するおそれのない開放空間に向けて排気する。
- 排気吹き出し口は、結露や変色、腐食を起こす金物などがない位置に設置
- 排気筒トップは、ドレンが滴下しても支障のない場所に設ける。
- 排気筒が梁や壁を貫通する際は、躯体と接触しないようにし、隙間はロックウールを詰めるなど排気筒を冷やさない。
- 排気筒の溶接部やリベットはドレンの流れる排気筒下部にならないように。

問題4-4　家庭用開放型ガス機器とガス栓の接続に係るガス漏えい着火事故の原因と事故を防止するためのガス事業者の留意すべき事項について述べよ。

解答例

① 着火事故の想定される原因

- ガス栓では、不使用ガス栓の誤解放、不適切な使用、接続不良、故意、劣化による故障、製品不良、設備の不備・調整の不備等が上げられる。
- 接続具では、接続具の劣化、異物の噛み込み、不適切な使用、接続の不完全、設備の不備、製品不良などが上げられる。

② ガス事業者の留意すべき事項

- ガス栓、ガス機器の正しい接続方法の周知
- 業務機会時の未使用ガス栓へのゴムキャップ取付やプラグ止め
- ガスの臭気を感じる等、異常時の事業者への迅速な連絡等の周知
- ヒューズ機構付きガス栓の取替促進
- 接続具の定期的な取替促進
- 都市ガス警報器の普及促進

問題4-5　業務用厨房の一酸化炭素中毒の原因とガス事業者の留意事項について述べよ。

解答例

（1）想定される原因

- 業務用厨房のガス機器は、一般家庭用と異なり、ガス消費量が大きな機器を長時間使用し、機器の数も多いため、多くの新鮮な空気が必要である。そのため十分な換気を行わないと不完全燃焼が起こり、一酸化炭素中毒を起こす。
- 換気設備の作動忘れ。稼働させたが、油汚れやほこりにより給気口が

塞がれている。

- 排気設備が詰まり、油汚れやほこりに詰まって、正常に働いていない。
- ガス設備の増設で、換気設備の能力の不足
- 排気筒の劣化、不良による排気漏れ

（2）事故防止のためのガス小売事業者の留意事項

- ガス事業法に基づく、消費機器の周知・調査
- 各種の業務機会を通じて、使用上の注意事項・換気の必要性について説明を実施
- お客様への特別周知やダイレクトメールの利用、新聞雑誌・インターネットなどによる周知
- CO センサーの取り付け、換気設備の更新のお薦め

問題4－6　業務用厨房の爆発・火災事故の原因とガス事業者の留意事項について述べよ。

解答例

（1）想定される原因

　業務用厨房のガス機器は、一般家庭用と異なり、安全装置が装備されていない機器が多い。また水漏れ、高温など設置環境が悪く、劣化からガス漏えいに繋がる可能性がある。また使用者がガス機器に精通しているとは限らず、誤操作の可能性もある。夜間休日にガス漏えいが発生し、滞留する可能性もある。

- 消費機器の手入れ不足　　　　・消費機器、接続具の劣化
- 消費機器の周囲に可燃物を置く　・使用者の誤操作

（2）事故防止のためのガス事業者の留意事項

　①消費機器調査時の留意事項

- 消費機器に不具合がない

・消費機器が供給するガス種に適合している

・周囲に可燃物が置いていない

②ガス消費機器の使用者に周知すべき事項

・消費機器の正しい利用　・定期的なメンテナンスの実施

・点火前、消費機器や接続具に異常がないか

　・周囲に可燃物がないか　　　・使用中は火元を離れない

　・使用後は、消火を確認し、ガス栓を閉止

　・異常を感じた場合、元バルブ閉止とガス事業者への連絡

　・都市ガス警報器が未設置なら設置のお願い　など

参考文献

- 都市ガス工業概要（基礎理論編）　日本ガス協会　2012 年 11 月
- 都市ガス工業概要（製造編）　日本ガス協会　2018 年 10 月
- 都市ガス工業概要（供給編）　日本ガス協会　2020 年 6 月
- 都市ガス工業概要（消費機器編）　日本ガス協会　2018 年 4 月
- ガス事業法関係法令テキスト　日本ガス協会　2021 年 6 月
- ガス主任技術者試験問題解説集　日本ガス協会　2023 年 4 月

- 乙種ガス主任技術者試験模擬問題集改訂十一版　三恵社　2023 年 3 月

著者略歴

上井光裕（かみいみつひろ）

アップウエルサポート合同会社代表　中小企業診断士
エネルギー管理士

- 昭和30年石川県生まれ　国立石川工業高専土木工学科卒業　産業能率大学情報マネジメント学部卒業
- 昭和51年東京ガス㈱入社　都市ガスの維持管理、製造供給計画、ＩＴ化、地震対策、緊急保安等を担務、緊急保安はガス主任技術者
- 平成23年同社退職後　中小企業診断士事務所アップウエルサポートを設立
- 企業時代から自己啓発で各種資格を取得　取得資格数495個（2023年12月現在）
- 主要資格　中小企業診断士、甲種ガス主任技術者、エネルギー管理士、1級土木施工管理技士、1級管工事施工管理技士、第1種情報処理技術者、1級販売士、ＡＦＰ、行政書士、エグゼクティブコーチ、衛生工学衛生管理者、労働安全コンサルタント、防災士、技術士1次、唎酒師、山の知識検定ゴールドクラス、温泉ソムリエマスター、自然観察指導員ほか

資格の達人ブログ　https://blog.goo.ne.jp/kamii05

ポケット版
乙種ガス主任技術者試験 模擬問題集　2024年度受験用

2011年11月30日	初版発行	2020年2月22日	改訂八版発行
2013年3月6日	改訂版発行	2021年2月26日	改訂九版発行
2014年2月20日	改訂二版発行	2021年12月10日	改訂十版発行
2015年3月2日	改訂三版発行	2023年3月1日	改訂十一版発行
2016年3月20日	改訂四版発行	2024年2月14日	改訂第十二版発行
2017年3月13日	改訂五版発行		
2017年6月19日	改訂五版二刷発行		
2018年4月27日	改訂六版発行		
2019年3月31日	改訂七版発行		

著　者　　上井光裕
定　価　　本体価格 2,400円＋税
発行所　　株式会社 三恵社
　　　　　〒462-0056 愛知県名古屋市北区中丸町2-24-1
　　　　　TEL 052-915-5211　FAX 052-915-5019
　　　　　URL http://www.sankeisha.com